Jahrbuch

der

Motorluftschiff - Studiengesellschaft.

Vierter Band.

1910—1911.

Mit 72 in den Text gedruckten Figuren.

Berlin.

Verlag von Julius Springer.

1911.

ISBN 978-3-642-50397-9   ISBN 978-3-642-50706-9 (eBook)
DOI 10.1007/978-3-642-50706-9

Druck der Universitäts-Buchdruckerei von Gustav Schade (Otto Francke)
in Berlin und Fürstenwalde (Spree).
Softcover reprint of the hardcover 1st edition 1911

Inhaltsverzeichnis.

Geschäftliches.

Seite

Geschäftsbericht 3

Satzungen 14

Aufsichtsrat, Arbeitsausschuß, Geschäftsführer und Geschäftsstelle 18

Technischer Ausschuß 19

Gesellschafter 21

Bücherverzeichnis 23

Berichte und wissenschaftliche Abhandlungen.

Bericht über die Tätigkeit der meteorologischen Gruppe des Technischen Ausschusses der M. St. G. Von Geh. Regierungsrat Dr. R. Assmann-Lindenberg 33

Bericht über die Tätigkeit der Göttinger Modellversuchsanstalt. Von Professor Dr. L. Prandtl-Göttingen 43

Windkräfte an ebenen und gewölbten Platten. Von Dr.-Ing. O. Föppl-Aachen . . . 51

Über Luftschiffmotoren. Von Direktor Paul Daimler-Cannstatt 120

Die Weiterentwickelung der astronomischen Navigation im Luftschiff 125

Bericht und Übersicht über die Fahrten 134

Übersicht über den augenblicklichen Stand der Luftschiff-Industrie 159

Flugzeug-Industrie 169

Geschäftliches.

Geschäftsbericht.

Das Jahrbuch 1908/1910 schließt seinen Bericht mit dem 30. Juni 1910 ab. Von diesem Zeitpunkt ab ist über die Tätigkeit der Motorluftschiff-Studiengesellschaft folgendes zu berichten:

Luftschiffe.

In dem Berichtszeitraum ist das Luftschiff PL 7 der Type B (6700 cbm), welches von der russischen Regierung in Auftrag gegeben war, zur Ablieferung gelangt, nachdem die Werkstattfahrten in Bitterfeld ergeben hätten, daß das Luftschiff den gestellten Anforderungen genügte. Seine Probefahrten sollte das Luftschiff auf Wunsch der russischen Regierung in Rußland erledigen. Da zur Zeit der Ablieferung im November vorigen Jahres sich bereits der russische Winter mit seinen äußerst schwierigen Witterungsverhältnissen eingestellt hatte, so wurden die Probefahrten bis zum Frühjahr dieses Jahres verschoben. Zur Zeit der Drucklegung dieses Buches werden die Probefahrten von der Luftschifferschule in Gatschina aus vorgenommen. Die Führung liegt in den Händen des Herrn Hauptm. a. D. D i n g - l i n g e r.

Die Inangriffnahme des Baus des Schnell-Luftschiffes Type G für die Preußische Militärbehörde hat sich bis Mitte Februar dieses Jahres verzögert, weil die Militärbehörde verschiedene Änderungen an dem Vertrage vorzunehmen wünschte. Da diese Änderungen auch erhöhte Anforderungen an die Leistungen des Schiffes stellten, da ferner, um der Bedingung einer garantierten Eigengeschwindigkeit von 16—17 m/sec zu genügen, sehr kräftige, daher schwere Motoren gewählt werden mußten (2 Körting-Motoren von je 160 PS), so stellte es sich als notwendig heraus, dem Schiff einen Inhalt von ca. 9000 cbm zu geben. Die Fertigstellung und Abnahme des im Bau befindlichen Luftschiffes ist noch im Sommer dieses Jahres zu erwarten.

Die Luftschiffe PL 5 und PL 6 sind am 1. Mai dieses Jahres durch Kauf in den Besitz der Luftverkehrs-Gesellschaft m. b. H. übergegangen. Ein neues Schiff Type B (6800 cbm) ist von dieser Gesellschaft in Auftrag gegeben. Der Bau des Schiffes soll so beschleunigt werden, daß die Abnahme noch in diesem Jahre erfolgen kann.

Von der Firma Franz C l o u t h, Köln-Nippes, hat die Luftfahrzeug-Gesellschaft das Luftschiff „Clouth" und dessen Sonderkonstruktion erworben. Gleich-

1*

zeitig hat sich die Abteilung „Luftschiffbau" dieser Firma mit unserer L. F. G. vereint, um die gesammelten Erfahrungen gemeinsam zu verwerten.

Die Berichte über die ausgeführten Fahrten befinden sich in dem Kapitel „Bericht und Übersicht über die Fahrten".

Ballonhallen.

Seit der Verlegung des gesamten technischen Betriebes nach Bitterfeld wird die Ballonhalle in Reinickendorf nur noch zur vorübergehenden Unterbringung von Luftschiffen benutzt und gegebenenfalls vermietet. Die zweite Halle in Bitterfeld ist im Herbst 1910 fertiggestellt und in Gebrauch genommen worden. Während die alte Halle sich auch in diesem Jahre recht gut bewährt hat, wurde an der neuen Halle im Februar dieses Jahres eine größere Reparatur notwendig, weil durch einen der außergewöhnlich starken Stürme, welche im genannten Monat herrschten, eine Stirnwand der Halle derartig eingedrückt wurde, daß ein Umsturz zu befürchten war. Die kostenlose Wiederherstellung fiel unter die Garantie der Baufirma.

Ausstellungen.

An der Weltausstellung in Brüssel im Sommer 1910 hat sich die Motorluft-schiff-Studiengesellschaft entgegen ihrer ursprünglichen Absicht nicht beteiligt. Es war geplant, zwei Luftschiffe dorthin zu entsenden, und zwar das Schnell-Luft-schiff Type G (PL 8) und ein kleines Sportluftschiff Type D (PL 9). Beide Luft-schiffe sollten an der ausgeschriebenen Konkurrenz teilnehmen. Da aber von seiten der Ausstellungsleitung für das Vorhandensein von Wettbewerbern keine Garantie übernommen wurde, und die Verteilung von Preisen nach den Bestimmungen der Fédération Aeronautique Internationale abhängig war von dem Vorhanden-sein mehrerer Konkurrenten, so nahm die Gesellschaft von der Entsendung der Schiffe in Anbetracht der großen Kosten umsomehr Abstand, als es sich schon bei den Probefahrten als wünschenswert herausstellte, einige kleine Konstruktions-änderungen vorzunehmen.

Auf Anregung des Bayrischen Automobil-Klubs wurde im Winter 1909 die Parseval-Luftfahrzeug-Gesellschaft m. b. H. in München gegründet, an welcher auch die Luftfahrzeug-Gesellschaft als Gesellschafter beteiligt war. Gegenstand des Unternehmens sollte sein: „Der Erwerb eines Luftschiffes nach System Parseval (PL 6), die Nutzbarmachung desselben nach jeder Richtung und der Betrieb aller damit zusammenhängenden Geschäfte." Der PL 6 erreichte München von Bitterfeld aus in neunstündiger Fahrt und unternahm während der Monate August und September 39 wohlgelungene Fahrten. (Näheres siehe Bericht und Über-sicht über die Fahrten.) Ein nicht unerheblicher Betriebsüberschuß wurde in diesen 2 Monaten trotz des Umstandes erzielt, daß wegen des abnorm ungünstigen Wetters die Zahl der Aufstiege sehr eingeschränkt werden mußte.

Aus rein lokalen Gründen, deren Erörterungen nicht Zweck und Aufgabe dieses Buches sind, liquidierte die Gesellschaft, und der geplante Ankauf des PL 6 zerschlug sich.

Fig. 1. Russisches Kriegsluftschiff PL 7.

Fig. 2. PL 1 Schiff des Kaiserlichen Aero-Klubs vor den Hallen in Bitterfeld.

Das Luftschiff kehrte wiederum auf dem Luftwege zunächst nach Bitterfeld zurück und vollführt seit Januar dieses Jahres, nachdem es von der Luftverkehrs-Gesellschaft m. b. H. erst für längere Zeit gemietet und dann gekauft worden ist, seine rühmlichst bekannten Passagier- und Reklamefahrten über und in der Umgebung der Reichshauptstadt.

Auf der diesjährigen Internationalen Industrie- und Gewerbe-Ausstellung in Turin stellt die M. St. G. das komplette Clouth-Luftschiff, die erste Original-Parseval-Gondel und das Instrument „Orion" aus. Die Hülle des Clouth-Luftschiffes wird durch komprimierte Luft prall gehalten; die Turbon-Ventilatoren-Gesellschaft m. b. H. in Berlin hat den hierzu erforderlichen Ventilator in entgegenkommendster Weise der M. St. G. zur Verfügung gestellt. Nach Schluß der Ausstellung wird die erste Original-Parsevalgondel dem Deutschen Museum in München zum Zweck ständiger Ausstellung überwiesen werden; ein Modell dieser Gondel ist bereits im Besitz des genannten Museums.

Flugmaschinen.

Die Flugmaschine-Wright-Gesellschaft m. b. H. konnte seit ihrem Bestehen 35 Maschinen fertigstellen, die — bis auf die Lehrmaschinen — verkauft und zum Teil nach Österreich, Rußland, Dänemark und Japan geliefert wurden. Auch für das Jahr 1911 liegen eine Anzahl Aufträge vor. In der Fliegerschule der Gesellschaft wurden ca. 25 Schüler unterrichtet, von denen der größte Teil auch die Pilotenprüfung ablegte.

Die Konstruktion der Maschine wurde im Laufe des Jahres verschiedenen erheblichen Änderungen unterzogen. Durch diese Änderungen wurde die Bedienung des Flugzeuges vereinfacht und die gesamte Leistungsfähigkeit erheblich gesteigert. Insbesondere gelang es, durch Verlegung und Änderung der Höhensteuerung und eine günstige Gestaltung der Schwerpunktslage die Stabilität der Maschine wesentlich zu verbessern und die Eigengeschwindigkeit durch Ausrüstung mit dem sehr leistungsfähigen, verbesserten 50 PS. N. A. G.-Motor bedeutend zu erhöhen. Seine Überlegenheit gegenüber anderen Systemen erwies das Flugzeug ganz besonders in seiner Fähigkeit, auch bei Witterungsverhältnissen zu fliegen, bei denen kein anderes Flugzeug den Aufstieg in die Luft unternehmen kann. Zwei augenfällige Beweise hierfür wurden erst im Februar und März dieses Jahres erbracht. Am 17. Februar dieses Jahres besuchte Seine Königliche Hoheit Prinz Heinrich den Flug- und Sportplatz Johannisthal. Da stürmischer Wind und Schneetreiben herrschte, machte keiner der anwesenden zahlreichen Flieger den Versuch, seinen Apparat im Fluge zu zeigen. Nur Korvetten-Kapitän a. D. Engelhard und Oberleutnant a. D. von Mossner führten auf ihren Wright-Maschinen Seiner Königl. Hoheit einige wohlgelungene Rundflüge vor.

Im Februar 1911 erließ die Wright-Gesellschaft eine Herausforderung an sämtliche deutschen Flieger und verpflichtete sich, jedem Flieger 1000 M zu zahlen, der in der Zeit vom 5. bis 15. März bei einer Witterung aufsteigen würde, bei der die Wright-Maschinen nicht mindestens die gleiche Zeit in der Luft bleiben können.

Fig. 3. Das Österreichische Parseval Militär-Luftschiff.

Fig. 4. Luftschiff Clouth.

Die schlechte Witterung begünstigte das Vorhaben, indem nämlich in der Zeit von 5. bis 15. März auf dem Johannisthaler Flugplatz heftige Böen und Windstärken bis zu 17 m an der Tagesordnung waren. Trotzdem unternahmen jeden Nachmittag die beiden schon genannten Wright-Piloten Flüge, um ihre Konkurrenten herauszufordern. Niemand machte den Versuch, einen Flug zu unternehmen.

Leider blieb auch die Wright-Gesellschaft im verflossenen Jahre von zwei bedauerlichen Unglücksfällen nicht verschont. Während des Fernfluges Trier—Metz stürzte der junge, hoffnungsvolle Pilot H a a s , der erst wenige Wochen sein Flugzeug führte, aus ca. 150 m Höhe herab und war sofort tot. Die Ursache des Unfalls ist nie aufgeklärt worden. Während der großen Fliegerwoche in Magdeburg verunglückte tödlich der verdienstvolle Leiter des Johannisthaler Betriebes Oberleutnant a. D. M e n t e beim Landen infolge eines Bedienungsfehlers.

Anfangs des Jahres 1911 hat die Gesellschaft ihre Baulichkeiten in Reinickendorf an die preußische Militärverwaltung verkauft und in Adlershof auf dem Flugplatz neben der Schule ein neues Fabrikgebäude errichtet. Hierdurch wird der Fabrikbetrieb wesentlich erleichtert, auch fällt der umständliche Transport der fertigen und der zur Reparatur bestimmten Maschinen zwischen Reinickendorf und Adlershof fort.

Der bisherige technische Leiter der Gesellschaft, Herr Prokurist und Oberingenieur L a n g e ; war infolge eines schweren Lungenleidens leider genötigt, sein Amt niederzulegen. An seiner Stelle hat Herr Korvetten-Kapitän a. D. E n g e l h a r d die technische Leitung übernommen, welcher bei dem nunmehr zusammengelegten Betriebe gleichzeitig die Leitung der Fliegerschule behalten hat. Herr Oberleutnant a. D. v o n M o ß n e r hat zu unserem großen Bedauern seine Tätigkeit bei der Flugmaschine-W.-Gesellschaft niedergelegt, um seinem langgehegten Wunsche entsprechend sich in Argentinien der Landwirtschaft zu widmen. Die Gesellschaft hat der Tätigkeit dieses unermüdlichen und vorzüglichen Fluglehrers viel zu danken. Ihn begleiten auf seinem ferneren Lebenswege unsere besten Wünsche.

Im Monat Mai d. J. schied Herr Prokurist K l o s e aus seiner Tätigkeit bei der Flugmaschine-Wright-Gesellschaft aus.

Personalveränderungen.

Nach Abschluß des Vertrages mit der Luft-Verkehrs-Gesellschaft schied der bewährte erste Luftschifführer der Luftfahrzeug-Gesellschaft, Herr Oberleutnant a. D. S t e l l i n g , aus dem Dienste der Gesellschaft aus und trat zur Direktion der Luft-Verkehrs-Gesellschaft über. Herr Regierungsbaumeister a. D. H a c k s t e t t e r und Herr Oberleutnant a. D. F o r s b e c k , die ihre Patente als Luftschifführer im Laufe des verflossenen Jahres erhalten hatten, sind im gegenseitigen Einverständnis ebenfalls ausgeschieden und zur Luft-Verkehrs-Gesellschaft übergetreten, um die Führung der Luftschiffe dieser Gesellschaft zu übernehmen. Herr Kapitänleutnant a. D. H o r m e l wird nach seinem Austritt aus der Luftfahrzeug-Gesellschaft als Flugzeugführer bei der Luft-Verkehrs-Gesellschaft tätig sein.

Fig. 5. Schnell-Luftschiff PL 8.

Fig. 6. PL 6 mit Lichtreklameeinrichtung.

Das Ingenieur-Personal der Luftfahrzeug-Gesellschaft ist bedeutend vermehrt worden und besteht heute aus Herrn Oberingenieur K i e f e r , 18 Diplom-Ingenieuren und einer Anzahl Techniker.

Todesfälle.

Die Gesellschaft hat im verflossenen Berichtsjahre durch den Tod eines ihrer Mitglieder einen traurigen Verlust erlitten.

Der Geheime Kommerzienrat Herr Dr. J. L o e w e starb am 27. August 1910.

Mit ihm ist ein eifriger Förderer der M. St. G. dahingegangen, dessen Andenken die M. St. G. in aufrichtiger Dankbarkeit fortleben lassen wird. Aus der Zahl ihrer Teilhaber schieden durch Tod aus: Herr Bankier Wilhelm B o n n , Frau Franziska S p e y e r . Auch ihnen wird eine dankbare Erinnerung bewahrt bleiben.

Betrieb.

Die M. St. G. und die von ihr gegründeten Tochtergesellschaften haben auch im verflossenen Berichtszeitraum verschiedene Erweiterungen und Änderungen erfahren. Die Konstruktionsbureaus und der gesamte technische Betrieb sind von Reinickendorf nach Bitterfeld verlegt worden. Der Betrieb in Bitterfeld ist dadurch bedeutend erweitert. Außer den 2 Ballonhallen wurde dort im verflossenen Berichtsjahre ein geräumiges einstöckiges Gebäude errichtet, welches die Bureaus und die hellen und luftigen Konstruktionsräume und Werkstätten enthält. Die neue Halle ist wie die Reinickendorfer Halle mit einem Segeltuch-Vorhang geschlossen, der sich trotz heftiger Stürme vorzüglich bewährt. Von der Bibliothek wurde eine größere Zahl von Büchern nach Bitterfeld abgegeben und dort in getrennte Verwaltung genommen.

Das Direktionsbureau der Motorluftschiff-Studiengesellschaft wurde Anfang Januar 1911 von Nollendorfplatz 3 nach Kleiststraße 8 verlegt, da die Erweiterung des Betriebes eine beträchtliche Vergrößerung der Bureauräume notwendig machte. Durch Zusammenlegung der Abteilung „Buchhaltung und Kasse", welche bisher in Reinickendorf untergebracht war, mit der Direktion wurde bei dieser Gelegenheit eine bedeutende Vereinfachung des Geschäftsbetriebes herbeigeführt.

Weitere Aufgaben.

In dem Jahrbuch 1908/1910 sind unsere weiteren Aufgaben kurz aufgeführt und erläutert. Die Tätigkeit des letzten Jahres hat im wesentlichen in einer Weiterführung des aufgestellten Programms bestanden. Wenn auch das verflossene Jahr keine bahnbrechenden Erfolge gezeitigt hat, so sind doch verschiedene erfreuliche Fortschritte gemacht worden. Als ganz besonders wesentlich erwähnten wir im letzten Jahrbuch unter anderem die Förderung der Navigation in der Luft. Diese Aufgabe ist nunmehr in befriedigender Weise gelöst durch eine Erfindung, welche die Ortsbestimmung im Ballon oder Luftschiff in einfacher, schneller und müheloser

Weise ermöglicht. Die Motorluftschiff-Studiengesellschaft hat diese durch deutsches Reichspatent geschützte Erfindung mit allen Rechten erworben und bringt das betreffende Instrument unter dem Namen „O r i o n" in den Handel.

Die lebhafte Nachfrage sowie die schon jetzt eingegangenen zahlreichen Anerkennungen und Bestellungen beweisen, daß das Instrument einem allgemein empfundenen Bedürfnis genügt.

Eine nähere Beschreibung des Instruments und seiner Anwendung findet sich unter dem Kapitel „Die Weiterentwicklung der astronomischen Navigation im Luftschiff".

Se. Königl. Hoheit der Prinz Heinrich von Preußen bekundete gelegentlich eines Besuches der optischen Anstalt von G o e r z , welche die Herstellung des Instruments übernommen hat, Anfang Februar dieses Jahres sein hohes Interesse an der gemachten Erfindung und äußerte seine Genugtuung darüber, daß es der Wissenschaft gelungen sein, diese schwierige und wichtige Frage in so glücklicher Weise zu lösen.

Auch mit der Anwendung der Funkentelegraphie im Luftschiff sind bereits erfolgreiche Versuche unternommen, seitdem es der Technik gelungen ist, noch vorhandene Schwierigkeiten zu beseitigen und die Anwendung gefahrlos zu gestalten. In das an die russische Regierung abgelieferte Luftschiff und das neue Kriegsluftschiff für die Preußische Militärbehörde, welches jetzt im Bau ist, soll eine Funkentelegraphie-Vorrichtung eingebaut werden.

Weitere Fortschritte erstreben wir in erster Linie noch in folgenden Richtungen: Erstens in einer bedeutenden Erhöhung der Eigengeschwindigkeit, zweitens in der möglichst günstigen Gestaltung des Verhältnisses zwischen der Volumengröße und der mitzuführenden Nutzlast an Personal und Betriebsmitteln und schließlich in gesteigerten Höhenleistungen. Die Erhöhung der Eigengeschwindigkeit wird anzustreben sein durch weitere Verbesserung der Form, möglichste Verringerung der Oberflächen- und Nebenwiderstände und besonders in möglichst günstiger Ausgestaltung der Luftschraubenwirkung. In unserer Versuchsanstalt in Göttingen und in unserem Bitterfelder Betriebe sind zahlreiche und sehr eingehende Versuche über Luftwiderstand und Propellerwirkung angestellt worden, die teilweise zu günstigen Resultaten geführt haben. Der Motorenbau hat sich im letzten Jahre normal weiter entwickelt; das Verhältnis von Gewicht zu PS-Leistung ist heute derart günstig, daß eine weitere Herabminderung des Gewichtes bei gleicher Leistung im Interesse der Betriebssicherheit nicht zweckmäßig erscheint und bei der geringen Gewichtsersparnis, die ev. noch in Betracht kommen könnte, auch nicht von wesentlicher Bedeutung wäre. Wichtiger wäre es, die Wirtschaftlichkeit der Maschine zu steigern durch Verminderung der Benzinverbrauches für die Pferdekraftstunde und durch Erhöhung der Geschwindigkeit.

Schlußbemerkung.

Das Interesse an unseren Luftschiffen ist im verflossenen Jahre ständig gewachsen, und die Entwicklung des Luftverkehrs hat schon jetzt einen ganz bedeutenden Umfang angenommen. Aus allen Teilen Deutschlands und vielen fremden Staaten gingen zahlreiche Gesuche ein um Besuche von Luftschiffen.

Um allen diesen Wünschen zu genügen, wäre es notwendig gewesen, stets mehrere Schiffe fahrbereit zu halten; eine besondere Luftverkehrsabteilung hätte unter Aufwendung bedeutender Kapitalien geschaffen werden müssen, um alle mit den Luftschiffbesuchen verbundenen, sehr umfangreichen und vielseitigen geschäftlichen Fragen sachgemäß zu erledigen. Diese Erwägungen führten im März 1911 zum Abschluß eines Vertrages mit der schon seit einigen Monaten gegründeten Luft-Verkehrs-Gesellschaft.

Auf Grund dieses Vertrages wurde der genannten Gesellschaft, welche im Besitze der Patente der Wankmüllerschen Luftschiff-Reklameeinrichtung ist, die Generalvertretung für Parseval-Luftschiffe zu allen gewerblichen Zwecken in Anbetracht der Tatsache übertragen, daß die gewerbliche Ausnutzung von Luftschiffen in erster Linie durch die Reklame Erfolg verspricht. Die Luft-Verkehrs-Gesellschaft verpflichtet sich dagegen zu regelmäßiger, alljährlicher Bestellung von Schiffen in Höhe einer festgesetzten Mindestsumme. Durch Kapitalbeteiligung sicherte sich die Luftfahrzeug-Gesellschaft Stimmrecht im Aufsichtsrat und einen Anteil an dem zu erwartenden Gewinn.

Bestellungen auf Luftschiffe zu allen gewerblichen Zwecken (Verkehr oder Reklame) werden jetzt von der Luft-Verkehrs-Gesellschaft entgegengenommen. Aufträge der Preußischen Militärbehörde nimmt nach wie vor die Motorluftschiff-Studiengesellschaft entgegen, während sich die Luftfahrzeug-Gesellschaft die direkten Verhandlungen mit den Militärbehörden sämtlicher anderen Staaten vorbehalten hat.

Zusammenstellung der fertigen und im Bau befindlichen Parseval-Luftschiffe.

Bezeich- nung	Type	Raum- Inhalt	Motoren	Verwendung
PL 1	A	4000	1 zu ca. 85 PS	Ursprünglich Versuchsluftschiff, später umgebaut als Luftschiff des K. Ae.-C.
PL 1	E	3200	1 zu ca. 85 PS	
PL 2	A	4000	1 zu ca. 85 PS	P. I der Preußischen Militärver-waltung
PL 3	B	6800	2 zu je ca. 110 PS	P. II der Preußischen Militärver-waltung
PL 4	C	2300	1 zu ca. 70 PS	Luftschiff der Österr. Regierung
PL 5	D	1800	1 zu ca. 25 PS	Sportluftschiff im Besitz der L. V. G. (Inzwischen verbrannt.)
PL 6	B	7000	2 zu je ca. 110 PS	Im Besitz der L. V. G.
PL 7	B	6700	2 zu je ca. 110 PS	Schiff der Russischen Regierung
PL 8	G	5600	2 zu je ca. 150 PS	Schnellschiff
PL 9	D	1600	1 zu je ca. 55 PS	Sportluftschiff
PL 10	D	1600	2 zu je ca. 35 PS	Sportluftschiff
PL 11	G	ca. 9000	2 zu je 160 PS	Schnellschiff für die Preußische Militärverwaltung
PL 12	B	ca. 7000	2 zu je ca. 110 PS	Schiff für die L. V. G.

Satzungen.

§ 1.

Die durch gegenwärtigen Gesellschaftsvertrag errichtete G. m. b. H. führt die Firma Motorluftschiff-Studiengesellschaft mit beschränkter Haftung und hat ihren Sitz in Berlin. Die Gesellschaft ist berechtigt, Zweigniederlassungen zu errichten. Die Dauer der Gesellschaft ist unbeschränkt.

§ 2.

Gegenstand des Unternehmens ist die Förderung der Technik und Anwendung von Luftschiffen, insbesondere Motorluftschiffen. Die Zwecke der Gesellschaft sind nicht auf den Gewinn der Teilnehmer gerichtet. Sie ist berechtigt, Versuche anzustellen, Erfindungen zu erwerben, Vorführungen, Ausstellungen und Preisausschreiben zu veranstalten, Zeitschriften, Vereine, Klubs zu gründen, kurz, alle Maßnahmen und Rechtsgeschäfte zur Förderung des Gesellschaftszweckes vorzunehmen. Sie ist auch berechtigt, sich an anderen Organisationen, Gesellschaften oder Vereinen zu beteiligen und behördliche Genehmigungen zu erwerben.

§ 3.

Das Stammkapital der Gesellschaft beträgt 1 000 000 Mark und zerfällt in Stammeinlagen von 10 000 Mark oder einem Vielfachen davon. Durch Beschluß der Gesellschafter mit einer Mehrheit von $\frac{3}{4}$ der abgegebenen Stimmen kann die Erhöhung des Stammkapitals und die Aufnahme neuer Gesellschafter erfolgen; letztere haben jeder mindestens eine Stammeinlage von 10 000 Mark zu übernehmen, wobei die bisherigen Gesellschafter zu bestimmen haben, ob und welches Aufgeld auf die Stammeinlage zugunsten der Gesellschaft zu entrichten ist.

Von jeder Stammeinlage werden bei Errichtung der Gesellschaft 25 % eingezahlt. Die Einforderung weiterer Einzahlungen sowie Einzahlung auf neue Stammeinlagen erfolgt unter den vom Aufsichtsrat festzusetzenden Fristen und Bestimmungen durch den oder die Geschäftsführer. Der Aufsichtsrat ist berechtigt, für die nicht rechtzeitig erfolgende Einzahlung Verzugszinsen bis zu 6 % festzustellen.

§ 4.

Die Veräußerung von Geschäftsanteilen an Gesellschafter ist zulässig. Die Veräußerung von Geschäftsanteilen an Dritte bedarf der Genehmigung des Aufsichtsrates.

§ 5.

Die Organe der Gesellschaft sind:

    a) der oder die Geschäftsführer,
    b) der technische Ausschuß,
    c) der Aufsichtsrat,
    d) die Versammlung der Gesellschafter.

§ 6.

Der oder die Geschäftsführer der Gesellschaft werden durch den Aufsichtsrat ernannt, welchem auch der Abschluß und die Kündigung der Anstellungsverträge sowie der Widerruf zusteht. Der Aufsichtsrat bestimmt die Zahl der Geschäftsführer sowie die Form der Vertretung der Gesellschaft.

§ 7.

Die Geschäftsführer sind verpflichtet, den Anweisungen und Anordnungen des Aufsichtsrates sowie den Beschlüssen der Gesellschafter und des Aufsichtsrates Folge zu leisten.

§ 8.

Der technische Ausschuß besteht aus mindestens 5 vom Aufsichtsrat zu berufenden Mitgliedern, welche nicht Gesellschafter zu sein brauchen. Er wirkt als technischer Beirat der Gesellschaft und hat die leitenden Gesichtspunkte zu prüfen, nach welchen die Geschäftsführer technische Entwürfe auszuarbeiten und Versuche anzustellen haben; er hat über aufzustellende Projekte zu befinden und sich gutachtlich über dieselben zu äußern. Die Beschlüsse des technischen Ausschusses sind der Genehmigung des Aufsichtsrates vorzulegen, soweit es sich um die Beschaffung von nicht vorher für bestimmte Zwecke dem technischen Ausschuß zur Verfügung gestellten Geldmitteln handelt.

Mitglieder des technischen Ausschusses können zugleich Mitglieder des Aufsichtsrates sein. Der Vorsitzende des Aufsichtsrates und dessen Stellvertreter sind zugleich Vorsitzende des technischen Ausschusses. Die übrigen Mitglieder des Aufsichtsrates sind berechtigt, an den Sitzungen des technischen Ausschusses mit beratender Stimme teilzunehmen, ebenso der oder die Geschäftsführer. Falls nicht der Geschäftsführer als Protokollführer des Ausschusses fungiert, ist ein Protokollführer hinzuzuziehen, welcher die Beschlüsse beurkundet.

§ 9.

Der Aufsichtsrat besteht aus mindestens 5 von der Versammlung der Gesellschafter zu wählenden Mitgliedern, welche nicht Gesellschafter zu sein brauchen.

Die Wahl erfolgt auf drei Jahre, wobei unter einem Jahre der Zeitraum von einer ordentlichen Versammlung der Gesellschafter bis zur nächsten ordentlichen Versammlung verstanden wird. Jedes Jahr scheidet ein Drittel der Mitglieder nach dem Lose aus.

Die Ersetzung ausgeschiedener Mitglieder erfolgt durch Wahl in der nächsten Versammlung der Gesellschafter.

Nach jeder Versammlung der Gesellschafter, in welcher Wahlen in den Aufsichtsrat stattfinden, wählt der Aufsichtsrat einen Vorsitzenden und einen stellvertretenden Vorsitzenden.

Die Gesellschafterversammlung ist berechtigt, einen Ehrenpräsidenten der Gesellschaft zu wählen. Der Ehrenpräsident hat das Recht, in den Sitzungen des Aufsichtsrates und der Ausschüsse oder in der Gesellschafterversammlung den Vorsitz zu übernehmen und in den Sitzungen des Aufsichtsrates und der Ausschüsse mitzustimmen.

§ 10.

Der Aufsichtsrat faßt seine Beschlüsse in der Regel in Sitzungen. In dringenden Fällen können Beschlüsse des Aufsichtsrates auch durch schriftliche Abstimmung herbeigeführt werden. Die Berufung zu den Sitzungen erfolgt durch den Vorsitzenden oder dessen Stellvertreter mittelst schriftlicher, die Tagesordnung im allgemeinen angebender Einladung.

Der Aufsichtsrat ist beschlußfähig, wenn mindestens 4 Mitglieder an der Abstimmung teilnehmen.

Zur Gültigkeit eines Beschlusses ist die absolute Mehrheit der abgegebenen Stimmen erforderlich.

Bei Stimmengleichheit gibt die Stimme des Vorsitzenden der betreffenden Sitzung den Ausschlag. Bei Wahlen und Ernennungen entscheidet jedoch bei Stimmengleichheit das vom Vorsitzenden des Aufsichtsrates zu ziehende Los.

Der Vorsitzende oder der Stellvertreter sind verpflichtet, eine Beschlußfassung herbeizuführen, sobald ein Geschäftsführer oder ein Mitglied des Aufsichtsrates oder ein Ersuchen des technischen Ausschusses dies verlangt.

Über die Verhandlungen wird ein Protokoll geführt, welches von einem Mitgliede des Aufsichtsrates und dem Protokollführer zu unterzeichnen ist.

Die Legitimation der Aufsichtsratsmitglieder sowie des Vorsitzenden und des stellvertretenden Vorsitzenden wird durch ein auf Grund der Protokolle ausgestelltes notarielles Attest geführt.

Der Aufsichtsrat kann aus seiner Mitte Ausschüsse ernennen.

§ 11.

Der ausschließlichen Bestimmung des Aufsichtsrates unterliegen außer den dem Aufsichtsrat einer Aktiengesellschaft gesetzlich zustehenden Befugnissen insbesondere:

I. Die Feststellung der Jahresbilanz;

II. Die Einforderung von Einzahlungen auf Stammeinlagen;

III. Die Einziehung von Geschäftsanteilen;

IV. Die Bestellung und Abberufung von Geschäftsführern;

V. Die Genehmigung des Abschlusses von Verträgen, welche die Gesellschaft für mehr als 10 000 Mark verpflichten;

VI. Die Genehmigung der Ernennung von Prokuristen und Handlungsbevollmächtigten sowie der Anstellungsverträge aller derjenigen Beamten, welche mit einem 300 0 Mark jährlich überschießenden Gehalte angestellt werden sollen;

VII. Die Feststellung seiner eigenen Geschäftsordnung sowie von Geschäftsordnungen für die Geschäftsführer;

VIII. Die Feststellung der Tagesordnung der Versammlung der Gesellschafter und Vorbereitung der auf dieselbe gesetzten Mitteilungen und Anträge;

IX. Die Errichtung von Zweigniederlassungen.

§ 12.

Die Mitglieder des Aufsichtsrates und des technischen Ausschusses beziehen weder Gehalt noch Tantieme; sie erhalten ihre baren Auslagen ersetzt und können für bosondere Leistungen auf Beschluß des Aufsichtsrates angemessen honoriert werden.

§ 13.

Zu Beschlüssen der Gesellschafter ist stets eine Mehrheit von $\frac{2}{3}$ aller Abstimmenden erforderlich, soweit dieses Statut nicht einfache Mehrheit zuläßt oder nach dem Statut oder Gesetz eine größere Mehrheit als $\frac{2}{3}$ erforderlich ist. Dem Geschäftsführer sowie dem Aufsichtsrat steht es frei, die Versammlung der Gesellschafter jederzeit zu berufen, falls sie dies im Interesse der Gesellschaft für erforderlich halten; auch können dieselben Beschlüsse durch schriftliche Abstimmung einholen lassen.

§ 14.

Die Berufung der Versammlung erfolgt durch Einladung der Gesellschafter mittelst eingeschriebener Briefe nach dem letzten bekannten Wohnsitze, mit einer Frist von mindestens einer Woche. Zum Nachweise der gehörigen Einladung genügt die Vorlegung von Postbescheinigungen, aus denen hervorgeht, daß die Aufgabe eines eingeschriebenen Briefes rechtzeitig an den Adressaten erfolgt ist.

Es genügt, wenn die Einladung von dem Geschäftsführer oder vom Vorsitzenden des Aufsichtsrates oder seinem Stellvertreter unterzeichnet ist.

Der Zweck der Versammlung soll möglichst bei der Berufung angekündigt werden.

Ist die Versammlung nicht ordnungsmäßig berufen, so können gültige Beschlüsse nur gefaßt werden, wenn sämtliche Mitglieder anwesend oder vertreten sind oder nachträglich schriftlich zustimmen.

Beschlüsse der Gesellschafter können auch durch schriftliche Beantwortung auf eingeschriebene, vom Vorsitzenden des Aufsichtsrates oder vom Geschäftsführer vollzogene Briefe gefaßt werden; zur Beantwortung ist eine Frist von mindestens einer Woche zu gewähren.

§ 15.

Die Versammlung der Gesellschafter hat zu beraten und zu beschließen über die ihr im Gesetz und diesem Statut zugewiesenen Gegenstände, insbesondere über

I. Abänderung und Ergänzung der Satzung;

II. Erhöhung oder Herabsetzung des Grundkapitals;

III. Auflösung der Gesellschaft.

Jeder Geschäftsanteil von 10 000 Mark gewährt eine Stimme.

Vollmachten bedürfen der schriftlichen Form.

Den Vorsitz führt der Vorsitzende des Aufsichtsrates oder ein Stellvertreter, in Abwesenheit beider das an Jahren älteste Aufsichtsratsmitglied; falls aber kein Mitglied des Aufsichtsrates anwesend sein sollte, der an Jahren älteste anwesende Gesellschafter.

§ 16.

Das Geschäftsjahr ist das Kalenderjahr. Das erste Geschäftsjahr endet mit dem 31. Dezember des Jahres, in welchem die Eintragung der Gesellschaft ins Handelsregister erfolgt.

§ 17.

In den ersten sechs Monaten jedes Jahres wird die Jahresbilanz und eine Gewinn- und Verlustrechnung von dem Geschäftsführer aufgestellt und von dem Aufsichtsrat geprüft und festgestellt.

§ 18.

Von dem durch die Bilanz nachgewiesenen, nach genügender Reservestellung übrigbleibenden Überschuß der Aktiva über die Passiva wird ein Betrag bis zu höchstens 4 % auf die eingezahlten Teile der Stammeinlagen verteilt. Ein weiterer Überschuß darf lediglich zur Förderung der Gesellschaftszwecke Verwendung finden.

§ 19.

Bei Auflösung der Gesellschaft erhalten die Gesellschafter lediglich den Nennbetrag ihrer Stammeinlage nebst 4 % für diejenige Zeit, für welche sie 4 % jährlich durch Verteilungen von Jahresüberschüssen seitens der Gesellschaft nicht erhalten haben. Der Überschuß ist solchen Unternehmungen nach Bestimmung der Gesellschafterversammlung zu überweisen, welche sich die Förderung der Luftschiffahrt zur Aufgabe gemacht haben.

§ 20.

Zur ersten Versammlung der Gesellschafter und des Aufsichtsrates bedarf es einer besonderen Einladung oder Tagesordnung nicht. Unmittelbar an die Wahl des ersten Aufsichtsrates schließt sich die erste Sitzung des Aufsichtsrates, zu welcher es einer besonderen Einladung oder Tagesordnung nicht bedarf. Zu Beschlußfassungen ist die Anwesenheit von drei Mitgliedern ausreichend.

§ 21.

Der Vorsitzende des Aufsichtsrates wird ermächtigt, alle zum Zweck der Eintragung der Gesellschaft ins Handelsregister etwa erforderlichen Veränderungen selbständig mit Rechtsverbindlichkeit für alle Gesellschafter zu verlautbaren und zur Eintragung in das Handelsregister anzumelden.

Aufsichtsrat, Arbeitsausschuß, Geschäftsführer und Geschäftsstelle.

Ehrenpräsident:

Seine Hoheit Herzog Ernst von Sachsen-Altenburg.

Aufsichtsrat:

1. von Hollmann, F., Staatssekretär a. D., Exz., Vorsitzender.
2. Rathenau, Dr. E., Geh. Baurat, stellv. Vorsitzender.
3. von Borsig, E., Kommerzienrat.
4. von Böttinger, Dr. G. Th., Geh. Regierungsrat.
5. Delbrück, L., Bankier.
6. Dernburg, B., Wirkl. Geh. Rat, Staatssekretär a. D., Exz.
7. Gradenwitz, R., Fabrikbesitzer.
8. Oliven, Oskar, Generaldirektor.
9. Rathenau, Dr. Walther.
10. von Schwabach, Dr. P., Generalkonsul.
11. Simon, J., Kaufmann.
12. Dreger, M., Direktor.

Arbeitsausschuß:

1. von Hollmann, F., Staatssekretär a. D., Exz., Vorsitzender.
2. Rathenau, Dr. E., Geh. Baurat, stellv. Vorsitzender.
3. Gradenwitz, R., Fabrikbesitzer.
4. Rathenau, Dr. W.

Geschäftsführer:

von Kehler, Hauptmann d. R.

Beratender Ingenieur:

von Parseval, Major z. D., Dr.-Ing. h. c.

Stadtbureau:

Berlin, Kleiststr. 8.
Fernspr.: Amt VI, 165 91 u. 165 92.

Telegrammadresse:

Parsevalschiff.

Technischer Betrieb:

Bitterfeld, Parsevalstr.
Fernsprecher, Bitterfeld 94.
Telegrammadresse: Luftfahrzeug.

Technischer Ausschuß.

1. von Hollmann, F., Staatssekretär a. D., Exzellenz, Vorsitzender.
2. Rathenau, Dr. E., Geh. Baurat, stellv. Vorsitzender.
3. Aßmann, Dr., Professor, Geheimer Regierungsrat, 2. stellv. Vorsitzender.
4. Ach, Dr., Professor.
5. Basenach, Ingenieur.
6. Bendemann, Dr.
7. Berson, Professor.
8. Daimler, P., Fabrikbeitzer.
9. Dreger, M., Direktor.
10. Eilsberger, Dr., Geheimer Regierungsrat.
11. Finsterwalder, Dr., Professor.
12. Groß, Major.
13. Hergesell, Dr., Professor.
14. Kiefer, Ober-Ingenieur.
15. Klein, Dr. F., Professor, Geheimer Regierungsrat.
16. Klingenberg, Dr., Professor.
17. Koeppen, Dr., Professor, Admiralitätsrat.
18. Lexis, Dr. W., Professor, Geh. Ober-Regierungsrat.
19. von Linde, Dr., Professor.
20. Lutz, Professor.
21. Martens, Dr., Professor, Geheimer Regierungsrat.
22. Miethe, Dr. A., Professor, Geheimer Regierungsrat.
23. von Moltke, General der Infanterie, Chef des Generalstabes der Armee, Exzellenz.
24. Müller-Breslau, Dr., Professor, Geh. Regierungsrat.
25. Moeller, Professor.
26. Naß, Dr., Professor.
27. Nernst, Dr. W., Professor, Geheimer Regierungsrat.
28. Oschmann, Major.
29. von Parseval, Dr., Major z. D.
30. Prandtl, Dr., Professor.
31. Prinzhorn, Direktor.
32. Riedinger, A., Kommerzienrat, Fabrikbesitzer.
33. Runge, Dr., Professor.
34. Salomon, B., Professor.
35. Schilling, Dr., Professor.
36. Schmiedecke, Oberst.
37. von Schmidt, Generalleutnant z. D., Exzellenz.
38. Schubert, Dr., Professor.
39. Slaby, Dr. A., Professor, Geheimer Regierungsrat.
40. Stelling, Oberleutnant a. D.
41. Süring, Dr. R., Professor.
42. Warburg, Dr., Professor, Präsident.

43. Wiechert, Dr., Professor.
44. Will, Dr., Professor, Geheimer Regierungsrat.
45. Graf von Zeppelin, Dr. -Ing., General der Kavallerie, Exzellenz.

|Der technische Ausschuß hat sich in folgende Gruppen geteilt:

Meteorologische Gruppe.

1. Herr Aßmann, Sprecher.
2.   ,,   Berson.
3.   ,,   Eilsberger.
4.   ,,   Hergesell.
5.   ,,   Koeppen.
6.   ,,   Miethe.
7. Herr Moeller.
8.   ,,   Schilling.
9.   ,,   von Schmidt, Exzellenz.
10.   ,,   Schubert.
11.   ,,   Süring, stellvertretender Sprecher.
12.   ,,   Wiechert.

Dynamische Gruppe.

1. Herr Klein, Sprecher.
2.   ,,   Ach.
3.   ,,   Finsterwalder.
4.   ,,   Hergesell.
5.   ,,   Koeppen.
6.   ,,   Lexis.
7.   ,,   von Linde.
8.   ,,   Moeller.
9.   ,,   Müller-Breslau.
10. Herr Nernst.
11.   ,,   von Parseval.
12.   ,,   Prandtl.
13.   ,,   Runge.
14.   ,,   Schilling.
15.   ,,   von Schmidt, Exzellenz.
16.   ,,   Warburg, stellvertretend. Sprecher.
17.   ,,   Wichert.
18.   ,,   Graf von Zeppelin, Exzellenz.

Konstruktions-Gruppe.

1. Herr Klingenberg, Sprecher.
2.   ,,   Daimler.
3.   ,,   Groß.
4.   ,,   Hergesell.
5.   ,,   Lutz.
6.   ,,   Martens.
7.   ,,   Müller-Breslau.
8. Herr Nernst.
9.   ,,   von Parseval.
10.   ,,   Prandtl.
11.   ,,   Prinzhorn.
12.   ,,   Riedinger.
13.   ,,   Will.
14.   ,,   Graf von Zeppelin, Exzellenz.

Maschinen-Gruppe.

1. Herr Slaby, Sprecher.
2.   ,,   Basenach.
3.   ,,   Daimler.
4.   ,,   Dreger.
5.   ,,   Kiefer.
6.   ,,   Klingenberg, stellvertr. Sprecher.
7. Herr von Linde.
8.   ,,   Lutz.
9.   ,,   Oschmann.
10.   ,,   Prandtl.
11.   ,,   Riedinger.
12.   ,,   Salomon.

Gesellschafter.

1. Allgemeine Elektrizitäts-Gesellschaft, Aktien-Gesellschaft . . . . 30 000 M
2. Arnhold, Eduard, Geh. Kommerzienrat 10 000
3. Aufschläger, Gustav, Dr., Kommerzienrat 10 000
4. Bank für Handel und Industrie (Darmstädter Bank) 10 000
5. Beer, L., Kommerzienrat, †, Erben 10 000
6. Berliner Elektrizitätswerke, Akt.-Ges. 20 000
7. Berliner Handels-Gesellschaft, Kommandit-Gesellschaft auf Aktien 10 000
8. Bismarckhütte, Aktien-Gesellschaft 10 000
9. von Bleichröder, J., Dr. jur., Bankier 10 000
10. Bleichröder, S., offene Handelsgesellschaft 20 000
11. Bonn, Wilhelm, Bankier, †, Erben 10 000
12. Borsig, A., offene Handelsgesellschaft 10 000
13. von Böttinger, Henry, Dr., Geheimer Regierungsrat 10 000
14. Braunbeck, Gustav, Verlagsanstalt A.-G. 10 000
15. von Brüning, G., Dr., Direktor 10 000
16. Buz, Heinrich, Kommerzienrat 10 000
17. von Caro, Georg, Dr., Geh. Kommerzienrat 10 000
18. Caro, Oskar, Geh. Kommerzienrat 10 000
19. Casella, Leopold, & Co., G. m. b. H. 10 000
20. Cassirer, Alfred, Ingenieur 10 000
21. Chillingworth, R., Preß-, Stanz- und Ziehwerke 10 000
22. Clemm, Carl Max, Hauptmann 10 000
23. Continental Caoutchouc- und Guttapercha Comp. 10 000
24. Darmstädter, L., Dr., Professor 10 000
25. Delbrück, Schickler & Co. 30 000
26. Deutsche Bank, Aktien-Gesellschaft 10 000
27. Deutsche Waffen- und Munitionsfabriken, Aktien-Gesellschaft 10 000
28. Direktion der Diskonto-Gesellschaft, Kommandit-Gesellschaft auf Aktien . 10 000
29. Dresdener Bank, Aktien-Gesellschaft 10 000
30. Elektrochemische Werke G. m. b. H. 10 000
31. Felten und Guilleaume, Lahmeyerwerke Aktien-Gesellschaft 10 000
32. von Friedlaender-Fuld, Fritz, Geh. Kommerzienrat 10 000
33. Friedmann, Leopold, Bankier 10 000
34. Gans, Leo, Dr., Geh. Kommerzienrat 10 000
35. Gesellschaft für elektrische Unternehmungen, Aktien-Gesellschaft 10 000
36. Gradenwitz, R., Fabrikbesitzer 10 000
37. von Guilleaume, Th., Geh. Kommerzienrat 10 000
38. Haase, Georg, Kommerzienrat 10 000
39. Hagen, L., Kommerzienrat 10 000
40. Hamburg-Amerika-Paketfahrt-Aktien-Gesellschaft 10 000
41. Hardt, Engelbert, Geh. Kommerzienrat 10 000
42. Heidemann, J. N., Geh. Kommerzienrat 10 000
43. Hertzog, Rudolph, Kaufmann 10 000

44.	Hibernia, Bergwerks-Aktien-Gesellschaft	10 000 M
45.	Hoesch, Geh. Kommerzienrat	10 000
46.	Jordan, Hans, Dr. jur., Rentier	10 000
47.	Jung, Karl August, Geh. Kommerzienrat	10 000
48.	Kattowitzer Aktien-Gesellschaft für Bergbau und Eisenhüttenbetrieb	10 000
49.	Kaufmann, Frau Rosa, Fabrikbesitzerin	10 000
50.	Körting, Berthold, Kommerzienrat	10 000
51.	Krupp, Friedr., Aktien-Gesellschaft	30 000
52.	Ladenburg, Karl, Geh. Kommerzienrat	10 000
53.	Lanz, Karl, Dr.	10 000
54.	Lehmann, Conrad, Kaufmann	10 000
55.	Loewe, Ludw., & Co., Aktien-Gesellschaft	20 000
56.	von Marx, Ernst, Landrat	10 000
57.	von Mendelssohn, Franz, Generalkonsul	10 000
58.	von Metzler, Albert, Stadtrat	10 000
59.	von Moy, Graf Ernst, Reichsrat, Major a. D.	10 000
60.	Müller, Otto, Bankier	10 000
61.	von Mumm, H., Kaufmann	10 000
62.	Nationalbank für Deutschland, Aktien-Gesellschaft	10 000
63.	Neuburger, Carl, Bankier	10 000
64.	Norddeutscher Lloyd, Akt.-Gesellschaft	10 000
65.	Oberschlesische Eisenbahn-Bedarfs-Aktien-Gesellschaft	10 000
66.	Oechelhäuser, M., Dr., Rechtsanwalt	20 000
67.	vom Rath, Walther, Rentner	10 000
68.	Riedinger, A., Kommerzienrat, Ballonfabrik, Augsburg	10 000
69.	von Rieppel, A., Dr., Ritter, Baurat	10 000
70.	Scherl, August, Zeitungsverleger	10 000
71.	Schoeller, Geh. Kommerzienrat	10 000
72.	von Schubert, Generalleutnant z. D., Exz.	10 000
73.	von Schwabach, P., Dr., Generalkonsul	20 000
74.	Siemens & Halske, Aktien-Gesellschaft	10 000
75.	Siemens-Schuckert-Werke, G. m. b. H.	10 000
76.	Simon, James, Kaufmann	10 000
77.	Speyer, Frau Fransziska, †, Erben	20 000
78.	Spindler, Ernst, Fabrikbesitzer	10 000
79.	Stinnes, Hugo, Bergwerksbesitzer	10 000
80.	Stroof, J., Dr., Chemiker	10 000
81.	Sulzbach, Gebr., offene Handelsgesellschaft	10 000
82.	Troitzsche Erben	10 000
83.	Vereinigte Gummiwarenfabriken vormals Menier J. N. Reithoffer Akt.-Ges.	10 000
84.	Vereinigte Königs- und Laurahütte, Aktien-Gesellschaft für Bergbau u. Hüttenbetrieb	10 000
85.	Vereinigte Köln-Rottweiler Pulverfabriken, Aktien-Gesellschaft	10 000
86.	Warschauer, Robert, Rentier	10 000
87.	van der Zypen und Charlier, G. m. b. H.	20 000

Summe 1 000 000 M

Bücherverzeichnis.

I. Luftfahrt.

A und B. Luftschiffahrt.

I A. In deutscher Sprache.

I A 1. Groß, H., Die Luftschiffahrt, (Hillgers illustrierte Volksbücher, Band 9, 3 Exemplare). Berlin.

„ 2. — Der Luftballon im Dienste des Heeres und der Wissenschaft. Gebhardshagen.

„ 3. — Die Entwickelung der Motorluftschiffahrt im 20. Jahrhundert. Berlin 1906.

„ 4. — Motor-Luftschiffe. (Die Gasmotorentechnik, Sonderabdruck.) Berlin.

„ 5. Hildebrandt, A., Die Luftschiffahrt. München 1907.

„ 6. Hinterstoißer, F., Aus meinem Luftschiffertagebuche. Rzeszow 1904.

„ 7. Hoernes, H., Das Zeppelinsche Ballonproblem. Wien 1901.

„ 8. — Die Luftschiffahrt der Gegenwart. Wien 1903.

„ 9. — Lenkbare Ballons, Leipzig 1902.

„ 10. Holthof, L., Im Reich der Lüfte. Von A. Santos Dumont. Stuttgart 1905.

„ 11. von Krogh, C., Die Mitnahme und Verwendung von Explosivgeschossen und -stoffen in Luftkriegsschiffen vom technischen und völkerrechtlichen Standpunkt aus. (Zeitschr. für das gesamte Schieß- und Sprengstoffwesen, 2. Jahrg.) München 1907.

„ 12. Linke, F., Moderne Luftschiffahrt. Berlin 1903.

„ 13. Martin, R., Das Zeitalter der Motorluftschiffahrt. Leipzig 1907.

„ 14. Moedebeck, H., Taschenbuch zum praktischen Gebrauch für Flugtechniker und Luftschiffer. Berlin 1910.

„ 15. — Die Luftschiffahrt, ihre Vergangenheit und ihre Zukunft. Straßburg 1906.

„ 16. — Graf von Zeppelins Luftschiff und seine Aussichten auf Erfolg. (Kriegstechn. Zeitschrift, 3. Jahrg., Heft 6.) Berlin 1900.

„ 17. von Parseval, Der lenkbare Ballon. Augsburg 1903.

„ 18. Silberer, V., Die Unmöglichkeit der Lenkbarmachung des Luftballons. Wien 1884.

„ 19. Wellner, G., Über die Möglichkeit der Luftschiffahrt. (3 Exemplare.) Brünn 1883.

„ 20. — Die Zukunft der Luftschiffahrt. Wien 1907.

„ 21. Poeschel, J., Luftreisen. Leipzig 1908.

„ 22. Martin, R., Die Eroberung der Luft. Berlin 1907.

„ 23. Grünwald, Das Luftschiff in völkerrechtlicher und strafrechtlicher Beziehung. (2 Exemplare.) Hannover 1908.

„ 24. Nimführ, R., Warum haben wir noch keine Kriegsluftschiffe? Wien 1908.

„ 25. Sperling, Fesselballon, Freiballon und Motorluftschiff in ihrer militärischen Verwendung. Berlin 1908.

„ 26. Zeppelin, Die Eroberung der Luft. (2 Exemplare.) Leipzig 1908.

„ 27. — Erfahrungen beim Bau von Luftschiffen. Berlin 1908.

„ 28. Zeppelin-Sonderheft der „Woche“. Berlin 1908.

„ 29. Meili, F., Das Luftschiff im internen Recht und Völkerrecht. Zürich 1908.

„ 30. Vamel, A., Graf Zerdinand von Zeppelin, ein Mann der Tat. Konstanz 1908.

„ 31. Hergesell, Graf Zeppelins Fernfahrten. Stuttgart.

I A 32. Rieken, J., Aeronautischer Kalender 1908—09.   Berlin 1908.
„   33. Neumann, Die Verwendbarkeit von Ballon und Motorluftschiff in der Marine.
            Berlin 1908.
„   34. Graf Fr. Zeppelin jr., Die Luftschiffahrt.   Stuttgart 1908.
„   35. Wegener v. Dallwitz, Hilfsbuch für den Luftschiff- und Flugmaschinenbau.
            Rostock 1909.
„   36. Dasselbe 1910.
„   37. Martin, R., Der Verlust des Luftkreuzers.   Stuttgart 1908.
„   38. Prill, O., Die Fehler des starren Systems und die lenkbaren Luftschiffe der Zukunft.
            Hamburg 1908.
„   39. Nimführ, R., Leitfaden für Luftschiffahrt und Flugtechnik.
„   40. Hartmann, Naturwissenschaftlich-technische Plaudereien.   (Ballon, starres Luft-
            schiff, Flugmaschine.)   Berlin 1908.
„   41. Luftbahn-Gesellschaft Marburg, Die Luftbahn.   Marburg 1908.
„   42. Wetzel, A., Der Bau von Riesenluftschiffen.   Stuttgart 1909.
„   43. von Krogh, Chr., In die Lüfte empor.   Charlottenburg 1908.
„   44. Züricher Wochen-Chronik.   Das Gordon-Bennett-Wettfliegen.   Zürich 1909.
„   45. Meyer, A., Dr. jur., Die Luftschiffahrt in kriegsrechtlicher Beleuchtung.   Frank-
            furt 1909.
„   46. Feldhaus, T. M., Hinauf zur Höh'! (2 Exemplare.)   1909.
„   47. Koehlers Zeppelin-Almanach.
„   47a. Eckener, H., Dr., Graf Zeppelins Luftschiff.
„   48. Silberer, V., Grundzüge der praktischen Luftschiffahrt.   1910.
„   49. Nimführ, R., Die Luftschiffahrt.   Leipzig 1909.
„   50. Vorreiter, A., Motorluftschiffe.   Berlin 1909.
„   51. Kirchhof, A., Die Erschließung des Luftmeers.   Leipzig 1910.
„   52. Braunbecks Sportlexikon 1910.   Berlin 1910.
„   52a. Braunbecks Sportlexikon 1911.   Berlin 1911.
„   53. Neumann, Die internationalen Luftschiffe 1910.   Friedrichshafen 1910.
„   54. Hoernes, H., Buch des Fluges. (2 Bände.)   Wien 1911.
„   55. Emden, R., Dr., Grundlagen der Ballonführung.

I B.   In fremder Sprache.

I B 1. Butler, F., 5000 miles in a balloon.   London 1907.
„   2. Chanute, O., L'aviation en Amérique.   Paris.
„   3. Dumont, A., Dans l'air.   Paris 1904.
„   4. Girard-de Rouville, A., Les ballons dirigeables.   Paris 1907.
„   5. Julliot, M., Le dirigeable Lebaudy.
„   6. Marchis, M., Leçons sur la navigation aérienne.   Paris 1904.
„   7. Dupuy de Lôme, Note sur l'aérostat à hélice.   Paris 1872.
„   8. Rojas, P., Servicio, aerostàtico militar.   Madrid 1906.
„   9. Turnor, H., Astra castra.   London 1865.
„   10. Girard, E., et de Tonville, A., Les Ballons dirigeables.   Paris 1908.
„   11. de Fonvielle, W., et Besançon, G., Notre flotte aérienne.   Paris 1908.
„   12. Berget, A., Ballons dirigeables et aéroplans.   Paris 1908.
„   13. Bouttiaux, La navigation aérienne par ballons dirigeables.   Paris 1909.
„   14. de St. Féger, L., Le royaume de l'air.   Paris 1909.
„   15. Allard, Commandant, Histoire de la navigation aérienne.   Besançon 1909.
„   16. Peyrey, F., L'oeuvre de l'aéro-Club de France et l'aéronautique contemporaire.
            Paris.
„   17. Kindelan, A., Dirigibles y Aeroplanos.   Madrid 1910.

C und D. Flugwesen.

I C. In deutscher Sprache.

I C 1. Fröhlich, P., Im Entstehen. Der Vorläufer einer Flugmaschine in Gestalt einer neuen Bewegungsvorrichtung für Wasserschiffe. (3 Exemplare.) Berlin.

„ 2. Haedicke, H., Die Bewegungen eines fliegenden Körpers und die Möglichkeit des mechanischen Fluges. Remscheid.

„ 3. Kreiß, E., Das Flugproblem und die Erfindung der Flugmaschine. Hamburg 1908.

„ 4. Wegner-Dallwitz, Die Aeroplane und Luftschrauben der statischen und dynamischen Luftschiffahrt. Rostock 1908.

„ 5. Jacob, Dr. E., Der Flug, ein auf der Wirkung strahlenden Luftdruckes beruhender Vorgang. Bad Kreuznach 1908.

„ 6. Rost, F., Flugapparate. (3 Exemplare.) Hannover 1909.

„ 7. Vorreiter, A., Motor-Flugapparate. Berlin 1909.

„ 8. Wegner-Dallwitz, Der praktische Luftschiffer. Eine Anleitung zur Konstruktion von Gleitfliegern, Schraubenfliegern und Schaufelfliegern, ihrer Tragdecken, Trag- und Treibschrauben nebst einem Anhang über Luftschiffe. Rostock 1909.

„ 8a. Wegner-Dallwitz, Der praktische Luftschiffer. Eine geschichtliche und technische Übersicht über den Stand der Luftschiffahrt und eine Entwicklung ihrer physikalischen und technischen Bedingungen.

„ 9. Zselyi, A., Prinzipien der Flugtechnik. (2 Exemplare.) Rostock 1910.

„ 10. Adams, H., Flug. Leipzig 1909.

„ 11. Wellner, G., Die Flugmaschine. Leipzig 1910.

„ 12. Moedebeck, L., Fliegende Menschen. 1909.

„ 13. Hansen, Fr., Aeroplane. Aus der Praxis für die Praxis. Rostock 1909.

„ 14. Hildebrandt, A., Die Brüder Wright.

„ 15. Klingenberg, G., Versuche mit Hubschrauben.

„ 16. Hansen, F., Monoplane. Rostock 1910.

„ 17. Ferber, F., Die Kunst zu fliegen. Berlin 1910.

I D. In fremder Sprache.

I D 1. Chanute, O., Progress in flying machines. New York 1894.

„ 2. Chatley, H., The problem of flight. London 1907.

„ 3. Ferrus, L., Les expériences d'aviation des frères Wright. Paris 1907.

„ 4. Wright, W., Some aeronautical experiments. Washington 1903.

„ 5.· Ferber, F., Le progrès de l'aviation par le vol plané. Paris 1907.

„ 6. Micciolo, A., Aéronef dirigeable plus lourd que l'air. Paris 1908.

„ 7. de la Landelle, G., Dans les airs. Paris 1908.

„ 8. Bogaert, Gd., Notes sur le problème de l'aéroplane. Paris 1908.

„ 9. Berger-Levrault, L'aéroplane des frères Whright. Paris-Nancy.

„ 10. de Cantelon, Maurice, Étude sur l'aviation. Paris et Liège 1909.

„ 11. Sazerac de Forge, L'homme s'envole. Paris-Nancy 1909.

„ 12. Société d'Edition Aéronautiques, L'aéroplane pour tous. Paris 1909.

„ 13. Soreau, R., État actuel et avenir le l'aviation. Paris 1908.

„ 14. de Graffigny, H., Le constructeur d'appareils aériens. Paris 1910.

„ 15. Sagonney, Th., Gerfs-volants militaires. Paris-Nancy 1909.

„ 16. Delage, G., L'aviation. Paris 1909.

„ 17. Vevien, L., Avia. (Revue des Sciences Aéronautiques.) Nr. 1, 1909. (2 Exemplare.)

„ 17a. do. Nr. 4. 1910.

„ 18. Chevreau, R., Notice Sommaire sur la résistance des matériaux. 1909.

„ 19. de Maxange, E., Louis Blériot, sa traversée, discription de son apperail son monteur 1909.

„ 20. Turner, Ch., Aerial navigation of to-day. London 1910.

I D 21. Ferber, F., L'aviation. Paris-Nancy.
„　22. Tariel, L., et Éd., Étude sur les surfaces portantes en aéroplanie. Paris 1909.
„　23. Petit, R., Le constructeur de petits aéroplanes. Paris 1910.
„　24. de Gaston, R., Les aéroplanes de 1910. Paris 1910.
„　25. L'Aviation à la Portée de tour. Paris 1910.
„　26. Farouse et Bernard, Aéro Manuel. Paris 1911.
„　28. Lapointe, E., L'Aviation dans la marine. Paris 1910.

II. Hilfswissenschaften.

A und B.　Physik und Chemie.

II A.　In deutscher Sprache.

II A 1. Die physikalischen Institute der Universität Göttingen. (Festschrift.) Leipzig 1906.
„　2. Runge, C., und Prandtl, L., Das Institut für angewandte Mathematik und Mechanik der Universität Göttingen. (Sonderabdruck.) Leipzig 1906.
„　3. Breslich, Prof. Dr., Veranstaltungen der Stadt Berlin zur Förderung des naturwissenschaftlichen Unterrichts in den höheren Lehranstalten. Berlin 1908.
„　4. Miethe, Dr. A., Photographische Aufnahmen vom Ballon aus. Halle 1909.
„　5. v. Falkenberg, G., Elektrizität und Luftschiffahrt in ihren wechselseitigen Beziehungen.

II B.　In fremden Sprachen.

Vacat.

C und D.　Meteorologie.

II C.　In deutscher Sprache.

II C 1. Aßmann, R., Ergebnisse der Arbeiten des Königlich Preußischen aeronautischen Observatoriums Lindenberg. (1. Band 1905.) Braunschweig 1906.
„　2.　— 　do. (II. Band 1906). Braunschweig 1907.
„　3.　— 　do. (III. Band 1907). Braunschweig 1908.
„　3a.　— 　do. (IV. Band 1908). Braunschweig 1909.
„　4. Schwere, S., Wetterinstrumente, Wetterkarten, Wettervoraussage. Zürich 1908.
„　5. Schuster, Der Einfluß des Mondes auf unsere Atmosphäre. Karlsruhe.
„　6. Marcuse, A., Ortsbestimmung im Ballon. Berlin 1909.
„　7.　— 　Handbuch der geographischen Ortsbestimmung. Berlin 1909.
„　8. Schrader, Dr. E., Nautisches Jahrbuch 1910. Berlin 1909.
„　9. Reichsmarineamt, Nautische Tafeln. Kiel 1908.
„　10. Aßmann, R., Die Winde in Deutschland. Braunschweig 1910.
„　11.　— 　Ergebnisse der Arbeiten des astronomischen Observatoriums. Braunschweig 1910.
„　12. Lindenberg, Ost-Afrika-Expedition 1908.
„　13. Schwarzschild, H., Prof. Dr., Tafeln zur astronomischen Ortsbestimmung im Luftballon bei Nacht. Göttingen 1909.
„　14. Börnstein, R., Leitfaden der Wetterkunde.
„　15. Kußner, K., Das Wetter und seine Bedeutung für das praktische Leben.
„　16. Brill, A., Über eine neue, einheitliche Methode zu nautischen und aeronautischen Ortsbestimmungen und Gestirnsmessungen.
„　17. Deutsche Seewarte, Der Kompaß an Bord.

II D. In fremder Sprache.

II D 1. Pochettino, A., Sulla determinazione degli elementi del vento. (Estratto dal Bolletino dela Società Aeronautica Italiana, Nr. 1—2, 3—4, 5—6, 7—8—9.) Rom 1906.
„ 2. Zahm, A. F., Atmospheric friction with special reference to Aeronautics. Washington 1904.
„ 3. Guilbert G., Nouvelle méthode de prévision du temps. Paris 1909.
„ 4. Ball, F., Altitude Tables. London 1910.

III. Technik.

III A. In deutscher Sprache.

III A 1. von Alten, Die Bedeutung der mechanischen Zugkraft auf der Landstraße für die Heerführung. Berlin.
„ 2. Mach, E., Die Mechanik in ihrer Entwickelung. Leipzig 1908.
„ 3. Eberhardt, O., Theorie und Berechnung der Luftschrauben. Berlin 1910.
„ 4. Schlomann, A., Illustrierte technische Wörterbücher in 6 Sprachen. Bd. X. München-Berlin 1910.

III B. In fremder Sprache.

III B 1. Lucas-Girardville, P., Les appareils d'aviation, expérimentés en 1905 en Europe. Paris 1906.
„ 2. Maxim, H., Artificial and natural flight. London 1908.
„ 3. Charles, H., Notice provisoire sur la conservation, l'entretien et les visites techniques annuelles du materiel d'aérostation militaire. Paris 1908.
„ 4. Bracke, A., Matériaux de construction d'aéroplanes. Paris 1909.
„ 5. Micciolo, A., Qualités, que devront posséder les aéroplanes et les hélicoptères de l'avenir. Paris 1909.

IV. Jahrbücher und Zeitschriften.

IV A. In deutscher Sprache.

IV A 1. Jahrbuch der Motorluftschiff-Studiengesellschaft 1906/1907. Berlin. 3 Exemplare.
„ 2. do. 1907/1908. 3 Exemplare.
„ 3. do. 1908/1910. 2 Exemplare.
„ 4. Jahrbuch des Deutschen Luftschiffer-Verbandes 1906.
„ 5. do. 1907.
„ 6. Jahrbuch des Kaiserlichen Aero-Clubs 1907/1908. Berlin 1908.
„ 7. Zeitschrift des Vereines zur Förderung der Luftschiffahrt, I. Jahrgang, 1882. Berlin.
„ 8. do. II. Jahrgang, 1883. Berlin.
„ 9. do. III. Jahrgang, 1884. Berlin.
„ 10. do. IV. Jahrgang. 1885. Berlin.
„ 11. do. V. Jahrgang, 1886. Berlin.
„ 12. do. VI. Jahrgang, 1887. Berlin.
„ 13. do. VII. Jahrgang, 1888. Berlin.
„ 14. do. VIII. Jahrgang, 1889. Berlin.
„ 15. do. IX. Jahrgang, 1890. Berlin.
„ 16. do. X. Jahrgang, 1891. Berlin.
„ 17. Zeitschrift für Luftschiffahrt und Physik der Atmosphäre, XI. Jahrgang, 1892. Berlin.

IV A 18. Zeitschrift für Luftschiffahrt und Physik der Atmosphäre, XII. Jahrgang, 1893. Berlin.
  „ 19. do. XIII. Jahrgang, 1894. Berlin.
  „ 20. do. XIV. Jahrgang, 1895. Berlin.
  „ 21. do. XV. Jahrgang, 1896. Berlin.
  „ 22. do. XVI. Jahrgang, 1897. Berlin.
  „ 23. do. XVII. Jahrgang, 1898. Berlin.
  „ 24. do. XVIII. Jahrgang, 1899. Berlin.
  „ 25. Illustrierte Aeronautische Mitteilungen 1900/1902. Straßburg i. E.
  „ 26. do. 1903. Straßburg i. E.
  „ 27. do. 1904. Straßburg i. E.
  „ 28. do. 1905. Straßburg i. E.
  „ 29. do. 1906. Straßburg i. E.
  „ 30. do. 1907. Straßburg i. E.
  „ 31. do. 1908. Straßburg i. E.
  „ 32. do. 1909. Straßburg i. E.
  „ 33. Moedebeck, H., Im Auftrage des Vorstandes des Oberrhein. Vereins für Luft-
        schiffahrt: Illustrierte Mitteilungen des Oberrhein. Vereins für Luftschiffahrt,
        1897. Straßburg i. E.
  „ 34. Allgemeine Automobil-Zeitung, VII. Jahrgang, 1906. Berlin.
  „ 35. do. (4 Bände), VIII. Jahrgang, 1907. Berlin.
  „ 36. do. (4 Bände), IX. Jahrgang, 1908. Berlin.
  „ 37. Wiener Luftschiffer-Zeitung 1902. Wien.
  „ 38. do. 1903. Wien.
  „ 39. do. 1904. Wien.
  „ 40. do. 1905. Wien.
  „ 41. do. 1906. Wien.
  „ 42. do. 1907. Wien.
  „ 43. do. 1908. Wien.
  „ 44. Das Motorboot. (Offizielles Organ des Kaiserlichen Automobil-Klubs [Abteilung
        Motorbootwesen] und des Deutschen Motorboot-Klubs.) IV. Jahrgang, 1907.
        Berlin.
  „ 45. do. 1908. Berlin.
  „ 46. do. 1909. Berlin.
  „ 46a. do. 1910. Berlin.
  „ 47. Verkehrstechnische Woche. (Techn. Rundschau über das Gebiet des gesamten Ver-
        kehrswesens.) I. Jahrgang, 1906/07. Berlin.
  „ 48. Wilhelm, B., An der Wiege der Luftschiffahrt. Frankfurter zeitgemäße Broschüre,
        Heft VI. Hamm 1909.
  „ 49. Zeitschrift für Flugtechnik und Motorluftschiffahrt 1910. München-Berlin 1910.
  „ 50. Prometheus 1908. Berlin.
  „ 51. Prometheus 1909. Berlin.
  „ 52. Prometheus 1910. Berlin.
  „ 53. Allgemeine Automobil-Zeitung 1910. 4 Bände. Wien 1910.

IV B.   In fremder Sprache.

IV B 1. American Magazine of aeronautics 1907 und 1908. New York.
  „   2. Ballooning and aeronautics. (A monthly illustrated rekord.) 1907. Nr. 1, 2, 3, 5,
        6. London.
  „   3. Jamestown Aeronautical Congress. New York 1907.
  „   4. The aeronautical journal 1907/08. Nr. 41, 42, 43, 44, 45, 46, 47. London.
  „   4a. The aeronautical journal. London 1909 und 1910.
  „   5. „Aeronautics." London 1907/08—1908/09.
  „   6. Koutchino, Bulletin de l'institut aérodynamic (Fascicule I). St. Petersburg 1906.
        (2 Exemplare.)

IV A 7. Uncle Sam's Magazine. 1909.
„ 8. Koutchino, Bulletin de l'institut aérodynamic (Fascicule II). Moskau 1909.
„ 10. do. Fascicule III. Moskau 1909.
„ 11. Fred, T., Jame, All the World's Airships. London 1910.
„ 12. Revue de l'Ingenieur. Bruxelles.

V. Verschiedenes.

V A. In deutscher Sprache.

V A 1. Unterricht für die Ballonabteilungen. Wien 1905.
„ 2. Programm der Königlichen Fachschule in Siegen. Siegen 1905.
„ 3. Martin, R., Berlin-Bagdad. Stuttgart 1907.
„ 4. Monatsbericht der Königl. Preußischen Akademie der Wissenschaften zu Berlin. Januar—Dezember 1873. Berlin 1873.
„ 5. Katalog der Ballonfabrik A. Riedinger. Augsburg.
„ 6. Pollak, E., Französischer Sprachführer. Leipzig.
„ 7. Fischer, A., Der Taschen-Heyse. Berlin.
„ 8. Thibaut, M. A., Wörterbuch der französischen und deutschen Sprache. Braunschweig 1907.
„ 9. Klatt, B., Muret-Sanders enzyklopädisches englisch-deutsches und deutsch-englisches Wörterbuch. Berlin 1903.
„ 10. Banderet, P., Handbuch der französischen Umgangssprache. Stuttgart 1905.
„ 11. Merzbacher, S., Gesetz, betr. die Gesellschaften mit beschränkter Haftung. München 1904.
„ 12. Diercke, C., und Gaebler, E., Schulatlas. Braunschweig 1906.
„ 13. Ravensteins Radfahrer- und Automobilkarte. (Potsdam und Berlin.) 1 : 300 000. Frankfurt a. M.
„ 14. Studienplan der Vereinigung für staatswissenschaftliche Fortbildung. Winter-Halbjahr 1907/08. Berlin 1907.
„ 15. Karte des Deutschen Reiches. 1 : 500 000. 27 Blätter.
„ 16. „Das Schnauferl", Fliegende Blätter für Sporthumor, IV. Jahrgang. 1905. München.
„ 17. von Selasinsky und Stade, Dr. H., Satzungen und Reglements des Internationalen Luftschiffer-Verbandes. Straßburg 1908.
„ 18. Nippold, O., Die zweite Haager Friedenskonferenz. I. Teil: Das Prozeßrecht. Leipzig 1908.
„ 19. Rangliste der Königl. Preuß. Armee 1906.
„ 20. do. 1907.
„ 21. do. 1908.
„ 21a. do. 1909.
„ 22. Kirschners Staatshandbuch 1907.
„ 23. von Woedtke, Dr. E., Invalidenversicherungsgesetz. 13. 7. 99.
„ 24. Martin, R., Deutschland und England. Hannover 1908.
„ 25. Hoogh, P., Zeppelin und die Eroberung des Luftmeers. Leipzig-Berlin 1908.
„ 26. Köhlers Zeppelin-Kalender. Leipzig.
„ 27. Stangens illustrierter Führer durch Berlin, Potsdam und Umgegend.
„ 28. Technische Literatur für Theorie und Praxis.
„ 29. Aeronautische Bibliographie 1670—1895.
„ 30. do. 1895—1902.
„ 31. Technisches Wörterbuch, I. Teil: Maschinen, Elemente und Werkzeuge.
„ 32. do. II. Teil: Die Elektrotechnik.
„ 33. do. III. Teil: Dampfkessel, Dampfmaschinen und Dampfturbinen.
„ 34. Statut der Aktiengesellschaft der Berliner Elektrizitäts-Werke.

V A 35. Berliner Elektrizitäts-Werke. Geschäftsjahr 1908.
„ 36. Allgemeine Elektrizitäts-Gesellschaft. 1908.
„ 37. Kontinental-Landstraßen-Atlas. 1909.
„ 38. Geschäftsbericht Deutsche Bank. 1908.
„ 39. Zentralstelle für Handelsfragen.
„ 40. Luftschiffahrtskarte für Deutschland. Leipzig.
„ 41. Fischer, Dr. R., Recht und Kaufmann. Leipzig 1909.
„ 42. Wie verschaffe ich mir einen neuen Führerschein zum Führen meines Automobils oder Motorrades?
„ 43. Parisius-Crüger, Gesellschaft mit beschränkter Haftung.
„ 44. Jahresbericht der Potsdamer Handelskammer.
„ 45. Mit Parseval in den Lüften.
„ 46. Romberg, Otto, Das militärische Verkehrswesen der Gegenwart.
„ 47. Schmiedecke, Die Verkehrsmittel im Kriege.

V B. In fremder Sprache.

V B 1. Blackies Standard shilling dictionary. London.
„ 2. Bordé, P., Le congrès d'aérostation scientifique.
„ 3. Clauson, W., The A. B. C. universal commercial.

Ausliegende Zeitschriften.

1. Zeitschrift des Vereines deutscher Ingenieure.
2. Allgemeine Automobil-Zeitung. Wien.
3. Allgemeine Automobil-Zeitung. Berlin-München.
4. Die Luftflotte.
5. Das Motorboot.
6. Automobil- und Flugtechnische Zeitschrift „Der Motorwagen".
7. Das Weltall.
8. Fachzeitung für Automobilismus und Flugtechnik.
9. A. E. G.-Zeitung.
10. Flugsport, illustrierte flugtechnische Zeitschrift.
11. Luftschiffahrt, Flugtechnik und Sport.
12. Zeitschrift für Flugtechnik und Motorluftschiffahrt.
13. Deutsche Zeitschrift für Luftschiffahrt, Illustrierte Aeronautische Mitteilungen.
14. Automobil-Welt, Flug-Welt.

Berichte und
wissenschaftliche Abhandlungen.

Bericht über die Tätigkeit der meteorologischen Gruppe des Technischen Ausschusses der M. St. G.

Von

Geh. Regierungsrat Dr. **R. Assmann**-Lindenberg.

Unter den Aufgaben, welche die konstituierende Versammlung des Technischen Ausschusses der Motorluftschiff-Studiengesellschaft am 28. Oktober 1906 ihrer meteorologischen Gruppe stellte, war neben der Ausarbeitung einer deutschen Windstatistik die Errichtung eines Pilotdienstes zunächst im Interesse der Sicherung der eigenen Luftfahrzeuge der Gesellschaft die bedeutsamste.

Dieses wichtige Problem wurde durch das Königliche Aeronautische Observatorium Lindenberg im Laufe des Jahres 1907 in der Weise in Angriff genommen, daß an 5 Stationen, und zwar am Meteorologischen Observatorium Potsdam des Königlichen Meteorologischen Institutes, an der Königlichen Forstakademie in Eberswalde, auf dem Gelände der Motorluftschiff-Studiengesellschaft in Reinickendorf-Berlin, auf dem Ballonplatze der Gesellschaft in Bitterfeld und am Königlichen Aeronautischen Observatorium Lindenberg, vom August 1907 an jedesmal dann Pilotballons emporgeschickt und mit Theodoliten visiert wurden, wenn das Parseval-Luftschiff in Reinickendorf und später in Bitterfeld eine Fahrt vorbereitete.

Die Erfolge entsprachen, wie wiederholt anerkannt wurde, den Erwartungen, und man darf wohl annehmen, daß die glückliche Vermeidung ernsterer Havarien, deren sich das noch im ersten Versuchsstadium befindliche Luftschiff bei seinen zahlreichen Übungsfahrten zu erfreuen hatte, zu einem Teile auf der durch die Pilotbeobachtungen vermittelten Kenntnis der im Umkreise von 30—40 km wehenden Winde in den Luftschichten bis zu etwa 2000 m Höhe beruht hat.

Diese Experimente dürfen, soweit bekannt, als die erste methodische Versuchsreihe gelten, bei der ein simultanes Zusammenwirken mehrerer um den Aufstiegsort verteilter Pilotstationen erfolgte, während wohl vielfach schon vorher Einzelaufstiege von Pilotballons bei Freifahrten zu dem gleichen Zwecke stattgefunden hatten.

Aus den Erfahrungen dieser Versuche entwickelte sich dann später der umfassendere Plan, eine größere Organisation dieser Arbeit in Angriff zu nehmen, die a l l e n L u f t f a h r e r n dienstbar gemacht werden sollte, und die im Herbst und Winter 1910 seitens des Königlichen Aeronautischen Observatoriums vorbereitete, im Januar bis März 1911 aus dessen eigenen Mitteln praktisch erprobte

Einrichtung eines „Warnungsdienstes für Luftfahrer" ist seit dem April dieses Jahres, von den beteiligten Behörden mit Mitteln für einen auf ein Jahr berechneten Versuch ausgerüstet, in Tätigkeit getreten; über diesen soll im folgenden berichtet werden.

Warnungsdienst für Luftfahrer.

Die außergewöhnlich zahlreichen und schweren Unglücksfälle, welche die deutsche Luftschiffahrt im Jahre 1910 erlitten hat, — der Freiballon forderte nicht weniger als 16, das Flugzeug 4 der besten deutschen Männer — haben den Gedanken nahegelegt, ob nicht ein Teil dieser Katastrophen hätte vermieden werden können, wenn man den allzu kühnen Luftfahrern vor dem Aufstiege Nachrichten über die Witterungsverhältnisse gegeben hätte, denen sie entgegengingen. Eine nähere Untersuchung der veranlassenden Ursachen hat in der Tat gezeigt, daß die meisten der Unglücksfälle in ungewöhnlichen Witterungsverhältnissen zu finden waren: 4 Luftfahrer verloren während eines Gewitters durch einen Blitzschlag, der ihren Ballon getroffen hatte, ihr Leben, ein Lenkballon wurde durch einen rapide aufsteigenden Luftstrom zum Platzen gebracht, ein Luftfahrer wurde durch eine schwere „Fallbö" im Korbe zerschmettert, und 9 mutige Männer fanden in den Wogen der Nord- und Ostsee den Tod, dem sie wohl hätten entgehen können, wenn ihnen die Richtung und Geschwindigkeit des Windes vor ihrem Aufstiege genauer bekannt gewesen wäre. Dazu treten noch die glücklicherweise ohne Verluste an Menschenleben erfolgten Katastrophen und Zerstörungen von zwei Zeppelin-Luftschiffen durch stürmische Böen.

Auf Grund dieser Erfahrungen, die vom Verfasser dieser Zeilen in einer ausführlichen Darstellung unter dem Titel „Die Gefahren der Luftschiffahrt und die Mittel, sie zu verringern" eingehend erörtert worden waren, erschien es geboten, geeignete Maßregeln zur Organisation eines „Warnungsdienstes für Luftfahrer" zu ergreifen, der sich die auf engeren Gebieten durch die Motorluftschiff-Studiengesellschaft in Berlin, sowie durch P o l i s in Aachen, L i n k e in Frankfurt a. M. und L e ß in Berlin bereits gewonnenen Erfahrungen und Erfolge zum Muster nahm.

Die einzige staatliche Institution im Königreiche Preußen, die neben der militärischen Luftschiffahrt ausschließlich der Förderung der Luftschiffahrt zu dienen bestimmt ist, das Königliche Aeronautische Observatorium bei Lindenberg, das mit seinen reichen Hilfsmitteln an der Spitze der wissenschaftlichen Erforschung der Atmosphäre steht, mußte als die gewiesene Stelle zur Nutzbarmachung seiner in zehnjähriger intensiver Arbeit gewonnenen eigenen Ergebnisse und zur zusammenfassenden Organisation eines über ganz Nord- und Mitteldeutschland ausgebreiteten Dienstes zur Überwachung derjenigen meteorologischen Vorkommnisse erscheinen, die der Luftschiffahrt Gefahren zu bringen geeignet sind.

Auf Grund dieser Überlegungen entschloß sich der Verfasser dieser Zeilen, zunächst auf eigene Hand einen praktischen Versuch in Angriff zu nehmen, dessen Erfolge einen Maßstab für die Ausführbarkeit und Nützlichkeit einer dauernden Organisation abgeben sollten.

Der im Deutschen Reiche auf der Höhe der Entwicklung stehende „Öffentliche

Wetterdienst", der, obwohl ursprünglich im Interesse der Landwirtschaft und des öffentlichen Lebens geschaffen, doch schon vielfach der Luftschiffahrt gute Dienste geleistet hatte, mußte von vornherein als ein erwünschter und wohl vorbereiteter Mitarbeiter auf diesem Gebiete gelten, besonders wenn man ihn in die Lage versetzte, das Material, auf dem er seine Witterungsprognosen aufbaut, in einer Weise zu erweitern, daß es den Bedürfnissen der Luftschiffahrt soweit als möglich angepaßt wird.

Als nächstliegendes und nach Lage der Verhältnisse zurzeit allein anwendbares Mittel bot sich die schon von verschiedenen Seiten erprobte Methode dar, durch kleinere Gummiballons die Strömungen der höheren Luftschichten nach ihrer Richtung und Geschwindigkeit zu erforschen, deren Kenntnis nicht nur für die Luftfahrer selbst von großem Wert ist, sondern die auch allgemein wichtige Fingerzeige gibt für die voraussichtliche Fortbewegung der Aktionszentren der Atmosphäre, der Zyklonen und Antizyklonen oder barometrischen Tief- und Hochdruckgebiete, von der in erster Linie die zukünftige Gestaltung der Witterung abhängt. Der Wunsch, diese Hilfsmittel der aerologischen Forschung auch dem Prognosendienste nutzbar zu machen, war schon früher durch H e r g e s e l l und andere zum Ausdruck gebracht worden; die Motorluftschiff-Studiengesellschaft in Bitterfeld bei den Fahrten ihrer Parseval-Luftschiffe sowie P o l i s in Aachen hatten methodische Versuche dieser Art ausgeführt, die aber, weil nur auf einen engeren Umkreis oder auf eine Stelle beschränkt, nur ein unvollkommenes Bild geben konnten: es erwuchs also die Aufgabe, eine größere Anzahl oder, wenn möglich, alle Wetterdienststellen mit den erforderlichen Einrichtungen einer „Pilotstation" auszurüsten. Dieser unterzog sich nun das Königliche Aeronautische Observatorium Lindenberg in der Weise, daß es aus eigenen Mitteln für 10 nord-, mittel- und westdeutsche Wetterdienststellen und 2 Ergänzungsstationen die erforderlichen Theodoliten, Füllwagen, graphischen Hilfsmittel zur Auswertung der Visierungen, Gummiballons und das nötige Wasserstoffgas beschaffte und an diese verteilte. Die mitwirkenden Wetterdienststellen befinden sich in Straßburg i. Elsaß, Aachen, Frankfurt a. M., Weilburg, Ilmenau, Dresden, Magdeburg, Hamburg, Berlin, Breslau, Bromberg und Königsberg in Preußen; dazu treten noch als Ergänzungsstationen Bitterfeld und das Luftschifferbataillon in Berlin.

Die Methode zur Ermittelung des Weges und der Höhe eines mit dem Winde fliegenden Ballons erforderte, solange man noch Ballons mit unveränderlichem Volumen zu diesem Zwecke verwandte, gleichzeitige Visierungen von zwei Punkten aus, die wenigstens ein Kilometer weit voneinander entfernt sind: der Schnittpunkt der beiden Theodolitenachsen ergibt dann den Ort des Ballons. Erst durch die Benutzung des vom Verfasser erfundenen elastischen Gummiballons für aerologische Zwecke, der sein Volumen gleichen Schrittes mit der Abnahme der Luftdichte vergrößert, und durch die Feststellungen H e r g e s e l l s, daß die Aufstiegsgeschwindigkeit eines solchen Ballons eine nahezu konstante ist, wurde die Methode dermaßen vereinfacht, daß sie unter Beiseitelassung der kostspieligen und umständlichen trigonometrischen Maßnahmen von e i n e m Orte aus angewandt werden konnte, und hierdurch wurde die Möglichkeit geschaffen, die Wetterdienststellen ohne eine zu große Belastung mit diesen Beobachtungen zu betrauen. Ein kleinerer

Gummiballon von etwa 30 g Gewicht wird unter Zuhilfenahme einer „Füllwage" so weit mit Wasserstoffgas gefüllt, daß er einen bestimmten Auftrieb und damit eine leicht festzustellende Aufstiegsgeschwindigkeit erhält; mißt man nun durch Verfolgung mit einem zweckentsprechend konstruierten Ballontheodoliten mit „gebrochener Achse" in kürzeren Pausen den Höhenwinkel und das Azimut des Ballons, so kann man, da seine Höhe aus der seit dem Aufsteigen verflossenen Zeit bekannt ist, seine Bahn und Geschwindigkeit der Fortbewegung durch den Wind mittels einer einfachen graphischen Auswertung feststellen.

Auf diese Weise werden seitens der obengenannten Wetterdienststellen an jedem für eine Visierung geeigneten Tage morgens gegen 8 Uhr die Luftströmungen bis zu Höhen von 2000 bis 4000 m, gelegentlich auch noch mehr, ermittelt und die Ergebnisse in je einer chiffrierten Depesche nach Lindenberg gemeldet, die, seitdem das Aeronautische Observatorium einen Morseapparat mit eigenem Draht nach dem Haupttelegraphenamt in Berlin besitzt, durchschnittlich bis gegen $9\frac{1}{4}$ Uhr dort eintrifft. Dort werden alle bis 9 Uhr 20 Minuten eingelaufenen Meldungen zu einer Sammeldepesche von 30 bis 40 Wörtern vereinigt und diese bis $9\frac{1}{2}$ Uhr an alle mitwirkenden Wetterdienststellen abtelegraphiert, die auf diese Weise gegen 10 Uhr einen Überblick über die Luftströmungen über ganz Nord-, Mittel- und Westdeutschland und so die Möglichkeit erhalten, unter Berücksichtigung dieser rezenten Beobachtungen gegen $10\frac{1}{2}$ Uhr ihre Witterungsprognosen aufzustellen.

Am Aeronautischen Observatorium werden die Resultate der Pilotaufstiege in einer großen Linoleumwandkarte in der Weise eingetragen, daß die verschiedenen Höhen durch farbige Kreiden kenntlich gemacht werden, sodaß man unter Hinzufügung der Isobaren ein instruktives Bild über die Änderungen der Richtung und Geschwindigkeit der Winde bis zu einigen tausend Metern Höhe und in erster Linie darüber Aufschluß erhält, ob und wie hoch die Luftdruckverteilung der untersten Schicht auch in der Höhe besteht, oder in welchem Sinne die letztere von der ersteren abweicht. Die hieraus zu ziehenden Schlüsse für die Witterungsprognose bedürfen allerdings zurzeit noch des intensivsten Studiums, und man wird gut tun, die Erwartungen in dieser Beziehung nicht zu hoch zu spannen: vielmehr sollte man zunächst die Pilotaufstiege nur als einen durch Sparsamkeitsrücksichten gebotenen Notbehelf bewerten, solange die zur vollen Ausnutzung der aerologischen Beobachtungen notwendige Anzahl von „Vollobservatorien" mit täglichen lückenlosen Aufstiegen noch nicht erreicht sein wird.

In der Zeit vom 1. Mai bis 30. September wird ferner, wie schon in den letzten beiden Jahren, am Aeronautischen Observatorium täglich, auch an Sonn- und Festtagen ein besonderer Frühaufstieg von $6\frac{1}{2}$ bis $8\frac{1}{2}$ Uhr mit Drachen, oder bei zu schwachem Winde mit Fesselballons ausgeführt, bei dem Registrierinstrumente bis zu Höhen von 2000 bis 4000 m emporgetragen werden, welche den Druck, die Temperatur und die relative Feuchtigkeit der Luft sowie die Geschwindigkeit des Windes selbsttätig aufzeichnen. Um die hierbei gewonnenen Ergebnisse ebenfalls vor der Aufstellung der Prognose an die Wetterdienststellen mitteilen zu können, müssen diese Aufstiege um $8\frac{1}{2}$ Uhr beendigt und die Auswertungen der Registrierkurven bis $9\frac{1}{4}$ Uhr fertiggestellt werden: um $9\frac{1}{2}$ Uhr werden die Resultate in einer chiffrierten Depesche, die mit dem oben genannten „Sammeltelegramme" der Pilotbeobachtungen vereinigt ist, abtelegraphiert.

Um aber diese ausschließlich im Interesse des Wetterdienstes erfolgenden und deshalb schon frühzeitig zu beendigenden Aufstiege nicht einen unerwünschten Einfluß auf die Erreichung tunlichst großer Höhen und langdauernder Aufzeichnungen gewinnen zu lassen, wird in allen geeigneten Fällen außer dem im o b e r s t e n D r a c h e n befindlichen Registrierapparate noch ein z w e i t e r mit emporgeschickt, der in dem e r s t e n H i l f s d r a c h e n befestigt wird. Der Aufstieg wird so lange fortgesetzt, als man nach Lage der Windverhältnisse darauf rechnen kann, daß der untere Registrierapparat um 8½ Uhr abgenommen werden kann. Durch Anbringung neuer Hilfsdrachen ohne Apparat wird dann ein zweiter Aufstieg angeschlossen und erst dann beendigt, wenn die größtmögliche Höhe erreicht worden ist. Für die Aufstiegstechnik gewinnt man hierdurch den Vorteil, daß der obere, meist in 1000 m Höhe und mehr im guten und ruhigen Winde stehende Hauptdrachen leichter wieder aufgelassen werden kann, als wenn man ihn in einem zweiten gesonderten Aufstiege emporschicken müßte. Gegen die bisher geübte Ausführung von zwei getrennten, nacheinander erfolgenden Aufstiegen spricht außerdem noch die Notwendigkeit, zum Zwecke der Ableitung von Mittelwerten den seit 8 Jahren gewählten Termin 8 Uhr früh auch ferner einzuhalten. Aus diesem Grunde wurden bisher für den Wetterdienst „Frühaufstiege" um 5 bzw. 6 Uhr veranstaltet, die aber wegen der zu dieser Zeit meist herrschenden nächtlichen Bodeninversionen der Temperatur ein getrübtes Bild der Temperaturverteilung in den unteren Luftschichten lieferten. Außerdem erhält man durch die neue Methode der simultanen Aufstiege nicht nur interessante und voraussichtlich wertvolle Aufschlüsse über die gleichzeitigen Verhältnisse in zwei um etwa 1000 Höhenmeter voneinander entfernten Schichten, sondern man gewinnt auch durch das erforderliche Einholen und Wiederauflassen des Hauptdrachens vier Querschnittsbilder der höheren Schichten. Die Ausführung von gleichzeitigen Parallelaufstiegen, die sonst wohl in Frage kommen könnte, verbietet sich aber durch die trotz ziemlich großer räumlicher Entfernung der beiden Drachenwinden nicht zu vermeidende Gefahr der Verschlingung der beiden Haltedrähte sowie durch die Notwendigkeit, an Stelle von drei Aufstiegsbeamten deren sechs in Tätigkeit setzen zu müssen.

Außer dem Aeronautischen Observatorium Lindenberg veranstalten auch die Drachenstation der Deutschen Seewarte in Hamburg und die „schwimmende" Drachenstation in Friedrichshafen am Bodensee Aufstiege, die bei der ersteren leider durch schwierige örtliche Verhältnisse nur allzuhäufig behindert werden, während am Bodensee nahezu täglich mit Ausnahme der Sonn- und Festtage schöne und hohe Aufstiege gelingen, die aber, entgegen den Voraussetzungen bei der Errichtung dieser „Drachenstation", vorwiegend mit Fesselballons ausgeführt werden, da die durch die Nähe des Alpenwalles fast stets stark gestörten Luftschichten die Verwendung mehrerer Drachen unter Benutzung des schnellfahrenden Dampfbootes nicht gestatten.

Aber auch in dem Falle, daß an diesen drei Observatorien tägliche simultane Aufstiege gelingen würden, ist doch noch nicht die Möglichkeit gegeben, auf Grund dieses Materials das Haupterfordernis einer rationellen Höhenforschung zu erfüllen, das in dem Entwerfen von Isobaren und Isothermen der höheren Luftschichten besteht, und das in erster Linie geeignet sein dürfte, die ohne jeden Zweifel vorhandenen inneren Beziehungen zwischen der Höhenmeteorologie und der Gestaltung der Witterung aufzudecken. Um diesen wichtigen Schritt, vielleicht den wichtigsten der ganzen modernen Meteorologie, tun zu können, wären für Deutschland wenigstens 8 und für Europa wenigstens 20 Vollobservatorien erforderlich, die täglich wenigstens einen Aufstieg bis zu Höhen von durchschnittlich 3000 m ausführen. Dieses Ziel darf deshalb trotz der großen Kosten, die mit seiner Erreichung verbunden sind, nicht aus den Augen verloren werden!

Außer der intensiven Verwertung der aerologischen Beobachtungen, vornehmlich der Ermittelung der rezenten Luftströmungen über dem größten Teile von Deutschland, zur Witterungsprognose und dem hierauf aufgebauten „Warnungsdienste für Luftfahrer" ist aber noch eine sorgfältig organisierte Überwachung derjenigen meteorologischen Vorkommnisse eingerichtet worden, welche der Luftschiffahrt große Gefahren zu bringen geeignet sind, das heißt der G e w i t t e r und S t u r m b ö e n, in zweiter Linie auch außergewöhnlich starker Niederschläge.

Zu diesem Zwecke wurde durch die Initiative des Aeronautischen Observatoriums Lindenberg, das als „Zentralstelle des Warnungsdienstes" fungiert, ein Netz von Gewittermeldestationen errichtet, das sich über das ganze „Warnungsgebiet", das heißt das Deutsche Reich mit vorläufigem Ausschluß der süddeutschen Staaten Bayern, Baden, Württemberg, Hessen und Elsaß-Lothringen, erstreckt. Da wegen der unerschwinglichen Kosten von der für eine wirklich effektive Überwachung aller Gewitter usw. erforderlich erscheinenden Anzahl von mehreren tausend solcher Stationen Abstand genommen werden mußte, wurden Linien verhältnismäßig dichter Stationen eingerichtet, die, quer zu der Hauptrichtung der Gewitterzüge aus dem westlichen Quadranten verlaufend, gewissermaßen als „Vorpostenketten" oder auch als eine Art von „Filtern" dienen sollen, die von einem größeren Gewitterzuge nicht unbemerkt passiert werden können. Diesen Stationen, die vorwiegend von geübten Beobachtern des Königlich Preußischen Meteorologischen Institutes bedient werden, wurde die Aufgabe gestellt, über alle wahrgenommenen Gewitter und Böen mit tunlichster Beschleunigung eine telegraphische Meldung an die nächstgelegene „öffentliche Wetterdienststelle" zu schicken, um dieser dadurch die Möglichkeit zu gewähren, den in ihrem Bezirke aufsteigenden Freiballons, Luftschiffen oder Flugzeugen rechtzeitige Mitteilungen über fortschreitende Phänomene der genannten Art zu geben, an deren Vermeidung diesen im Interesse ihrer Sicherheit gelegen sein würde.

Es darf nicht verschwiegen werden, daß die Mehrzahl der Wetterdienstbezirke, die ursprünglich nur für die „landwirtschaftliche" Prognose geschaffen worden sind, für diesen erweiterten Zweck nur ungenügend geeignet sind, vor allem aus dem Grunde, weil sie zu wenig ausgedehnt sind, um Erscheinungen, die durchschnittlich mit einer Stundengeschwindigkeit von 40 bis 50 km fortschreiten, noch rechtzeitig an solchen Stellen ihres Bezirkes anzukündigen, die sie voraussichtlich passieren werden. Veranschlagt man die Zeit, welche zwischen der Beobachtung eines anziehenden Gewitters und dem Eintreffen der Meldung an der

Wetterdienststelle liegt, auf etwa eine Stunde, ferner die für die dort erfolgende Zusammenstellung der einlaufenden Meldungen erforderliche Zeit, die Abgabe und das Eintreffen einer Warnung bei einem zum Aufstiege im Dienstbezirke bereiten Luftschiffe auf eine zweite Stunde, so ergibt sich der Schluß, daß zwischen dem Orte des beobachteten Gewitters und dem des zu warnenden Interessenten durchschnittlich eine Entfernung von 80—100 km liegen muß, um zu verhindern, daß das Gewitter früher oder gleichzeitig eintrifft als die Warnung. Diese westöstliche Ausdehnung von mehr als 100 km überschreiten aber besonders die westlichen Dienstbezirke nur sehr wenig, woraus hervorgeht, daß eine beträchtliche Erweiterung der „Meldebezirke" über die „Wetterdienstbezirke" hinaus eine unabweisbare Forderung im Interesse der tatsächlichen Wirksamkeit des Warnungsdienstes darstellt.

In diesem Sinne wurde auf Veranlassung der Zentralstelle in Lindenberg probeweise ein Weg eingeschlagen, der voraussichtlich zum Ziele führen dürfte.

Es wurde von der Annahme ausgegangen, daß die Ankündigung eines Gewitters nur für diejenigen Gegenden von Wert ist, die von demselben nach längerer Zeit „b e d r o h t" werden: ein von West nach Ost ziehendes Gewitter müßte deshalb allen in der Zugrichtung, d. h. östlich von ihm gelegenen Gebieten gemeldet werden, ein von Ost nach West ziehendes aber den westlich liegenden Gegenden. Hieraus ergab sich die Vorschrift, die Gewitter usw. nur nach dorthin anzukündigen, wohin sie voraussichtlich ziehen werden. Wenn man sich nun auch nicht verhehlen darf, daß die ungeänderte Beibehaltung der an einer Beobachtungsstation konstatierten Bewegungsrichtung eines Gewitters oder einer Sturmbö bis auf größere Entfernungen hin nicht in allen Fällen mit Sicherheit angenommen werden kann, so wird doch die im Laufe jedes größeren Gewitterzuges seitens mehrerer Stationen erfolgende Richtungsbestimmung erhebliche Abänderungen des Zuges ausreichend genau erkennen lassen, um diejenigen Gegenden einigermaßen zu umgrenzen, die von dem Gewitter nach etwa zwei Stunden oder noch längerer Zeit tatsächlich erreicht werden.

Durch dieses Verfahren werden auch alle die bei dem sonst üblichen Meldeverfahren nicht zu vermeidenden „unnützen" Meldungen ausgeschlossen und dadurch nicht unerhebliche Depeschenkosten gespart werden, die mit größerer Aussicht auf Erfolg zur weiteren Ausdehnung des Meldebereiches verwandt werden können.

Bei der Organisation eines Beobachtungsnetzes hat sich nun, wie zu erwarten war, weniger ein mangelnder guter Wille der Beobachter zur Anstellung und Meldungen gezeigt als die Tatsache, daß verhältnismäßig wenige ein Telegraphenamt nahe genug haben, um die Meldetelegramme rechtzeitig aufgeben können. Der Benutzung des Fernsprechers zu den Meldungen selbst oder auch nur zu deren Übermittelung an das nächste Telegraphenamt steht aber dessen Außerdienststellung bei Gewittern im Wege. Diesen Schwierigkeiten könnte man nur dadurch, allerdings in erfolgreichster Weise, begegnen, wenn man ausschließlich die Inhaber von Telegraphenämtern mit den Gewittermeldungen betrauen würde, die ohnehin durch die in ihren Leitungen auftretenden charakteristischen Störungen auf das Herankommen von Gewittern erheblich früher aufmerksam gemacht werden als andere Beobachter, die gemeinhin erst durch einen Donner von der Annäherung eines Gewitters Kenntnis erhalten. Die Inhaber von Telegraphenstellen könnten aber in jedem Falle, ohne das Haus zu verlassen und sich dem Gewitter selbst auszusetzen, ohne allen Zeitverlust die Meldungen abgeben. Es ist deshalb mit dem lebhaftesten Dank zu begrüßen, daß das Reichspostamt, welches auch in anderer Beziehung ein weitgehendes Entgegenkommen gegenüber den Anforderungen des Warnungsdienstes betätigt, seine grundsätzliche Zustimmung zu dieser alle Schwierigkeiten in der vollkommensten Weise beseitigenden Berichterstattung erteilt hat. Die Organisation dieses Beobachtungsnetzes soll in der nächsten Zeit in Angriff genommen werden.

Ein weiterer Versuch, den Gewitterüberwachungs- und Meldedienst tunlichst erfolgreich im Interesse der „Warnungen für Luftfahrer" zu gestalten, wird ebenfalls durch das Entgegenkommen des Reichspostamtes ermöglicht. Es ist bekannt, daß sich stärkere Gewitter auf große Entfernungen hin durch Störungen in den Telegraphen- und Fernsprechleitungen kenntlich machen: Blitze, welche in der Nähe von Leitungen verlaufen, erzeugen in diesen Induktionsströme, besonders wenn ihre Richtung derjenigen der Leitung parallel ist, und diese veranlassen ein charakteristisches „Anziehen der Anker" in den Telegraphenapparaten oder knackende Geräusche an den Fernsprechern. Durch einen Erlaß des Reichspostamtes sind nun nach meinem Vorschlage probeweise 18 größere Telegraphenämter in Nord-, Mittel- und Westdeutschland angewiesen worden, in allen Fällen deutlicher Gewitterstörungen schleunigst telegraphische Meldungen über den angenähert ermittelten Ort der veranlassenden Gewitter nach Lindenberg zu schicken, die, wie die bisherige Erfahrung beweist, erheblich früher als jede andere Meldung auf das Auftreten von Gewittern aufmerksam machen. Auf diese Weise dürfte es auch wohl gelingen, die infolge der ungenügenden Anzahl von Beobachtungsstationen offen bleibenden Lücken zu überbrücken und so zu erreichen, daß kein größerer Gewitterzug ungemeldet bleibt.

Das Endziel eines erfolgversprechenden „Warnungsdienstes für Luftfahrer" muß aber dahin gerichtet sein, den Luftfahrern nicht nur Warnungen vor dem Antritt der Fahrten zu geben, sondern sie auch unterwegs von alle den Gefahren zu benachrichtigen, die ihnen drohen könnten: diesem Zwecke würde durch die Abgabe funkentelegraphischer Meldungen gedient werden, und es sind deshalb Vorarbeiten im Gange, um am Observatorium Lindenberg eine Funkenstation mit genügender Reichweite einzurichten, die allen mit einem „Empfänger" ausgerüsteten Luftfahrzeugen zwischen Memel und Aachen, Flensburg und Ratibor Warnungen übermitteln könnte.

Unsere Militärluftschiffe und einige andere besitzen bereits Ausrüstungen zum Geben und Empfangen von Funkensprüchen; aber auch der Freiballon ist, wie neuerdings festgestellt worden ist, mit mäßigen Kosten mit einem „Empfänger" auszurüsten, und sogar bei Flugzeugen hat man erfolgreiche Versuche dieser Art ausgeführt, so daß man mit einer binnen kurzem erfolgenden Organisation eines funkentelegraphischen Warnungsdienstes rechnen kann. In Anbetracht der recht erheblichen Objekte, um deren Bewahrung vor ernsten Gefährdungen es sich hierbei handelt, könnte man wohl annehmen, daß die deutschen Luftschiffervereine die verhältnismäßig geringen Kosten, die sich höchstens auf je hundert Mark belaufen dürften, nicht scheuen würden, um einige Empfangsapparate für ihre Ballons zu beschaffen und ihre Mitglieder mit der Bedienung derselben vertraut zu machen. Und sollte es nur gelingen, ein Luftschiff oder einige Ballons und ein Menschenleben vor schwerem Mißgeschick zu bewahren, so würde der Einsatz in diesem ernsten Spiele nicht als zu hoch zu erachten sein, und eines der erschwerendsten Hindernisse, das sich der tatsächlichen „Beherrschung der Luft" entgegenstellt, würde, wenn auch nicht gänzlich beseitigt, so doch in wirkungsvoller Weise gemildert werden.

Der ganze Organisationsplan des „Luftfahrer-Warnungsdienstes" ist auf der Grundlage aufgebaut, daß er zwar von einer mit allen Hilfsmitteln der aerologischen Forschung und des telegraphischen Verkehrs ausgerüsteten Zentralstelle aus geleitet, sonst aber tunlichst dezentralisiert werden soll, indem eine ausgiebige Mitwirkung aller öffentlichen Wetterdienststellen vorgesehen ist, deren jede in den Stand gesetzt wird, in ihrem eigenen Dienstbezirke und gelegentlich über diesen hinaus Prognosen und Warnungen an jeden Luftschiffer abzugeben, der darum nachsucht.

Erst wenn die funkentelegraphischen Einrichtungen in Tätigkeit treten, wird sich naturgemäß eine erhöhte Bedeutung der Zentralstelle entwickeln, welche das ganze Gebiet des Warnungsdienstes umfaßt, und das mit allen modernen Hilfsmitteln der aerologischen Forschung und elektrischen Einrichtungen reich ausgestattete Königliche Aeronautische Observatorium Lindenberg dürfte als der gewiesene Platz hierfür zu gelten haben.

Die Kosten des oben erörterten Warnungsdienstes schon in seiner jetzigen noch im Versuchsstadium befindlichen Ausgestaltung sind ziemlich beträchtliche: sie beziffern sich auf Grund eines nach den Erfahrungen der jüngst beendigten Probezeit für ein Jahr auf etwa 7000 M für Pilotballons, 10 000 M für die Übermittlung der Pilotbeobachtungen, gegen 12 000 M für Telegramme des Gewittermeldedienstes, 4000 M für Gehälter des telegraphischen Dienstes, mit Nebenkosten im ganzen auf rund 35 000 M. An der Aufbringung dieses für ein Probejahr bestimmten Betrages haben sich in dankenswertester Weise das Reichsamt des Innern, das Kultusministerium, das Kriegsministerium und das Landwirtschaftsministerium beteiligt, wozu auch noch das Aeronautische Observatorium Lindenberg außer der freiwilligen Leistung der Organisations- und Vermittelungsarbeit einen namhaften Zuschuß aus den Mitteln seines eigenen Etats gewährt.

Es darf nicht unerwähnt bleiben, daß dem Observatorium auch von privater Seite ein nicht unerheblicher Beitrag zu den Kosten zur Verfügung gestellt worden ist.

Alle diese Aufwendungen an Arbeit und Mitteln erfolgen im Interesse der Deutschen Luftschiffahrt und jedes Mitglied des deutschen Luftschifferverbandes ist berechtigt, bei irgendeiner öffentlichen Wetterdienststelle oder am Aeronautischen Observatorium Lindenberg gegen Erstattung der Telegrammgebühren um die Abgabe von Witterungsprognosen oder Warnungen zu ersuhen, die vormittags gegen 11 Uhr und abends um 5 Uhr aufgestellt werden. Am Aeronautischen Observatorium ist, abermals dank dem Entgegenkommen des Reichspostamts, Vorsorge getroffen worden, daß zu jeder Tages- und Nachtzeit telegraphisch oder durch den Fernsprecher Auskünfte erbeten und Prognosen abgegeben werden können.

Es ist nun Sache der Luftschiffer, diese zu ihren Gunsten geschaffenen humanitären Einrichtungen so ausgiebig wie möglich in Anspruch zu nehmen und dadurch die Möglichkeit zu schaffen, über den praktischen Wert derselben ein zutreffendes Urteil zu gewinnen, das im Falle eines günstigen Erfolges zur Grundlage einer weiteren Fortführung und Vervollkommnung des „Warnungsdienstes für Luftfahrer" gemacht werden kann.

———————

Bericht über die Tätigkeit der Göttinger Modellversuchsanstalt.

Von

Professor Dr. **L. Prandtl**-Göttingen.

A. Versuchstätigkeit.

War das Jahr 1909 im wesentlichen dem Ausbau der inneren Einrichtung der Anstalt und dem Studium der Versuchsmethoden gewidmet, so konnte — ungefähr mit Beginn des Jahres 1910 — die eigentliche Versuchstätigkeit in vollem Umfang aufgenommen werden. Es mag im folgenden kurz geschildert werden, welcher Art die behandelten Aufgaben waren, und mit welchen Mitteln ihre Lösung angestrebt wurde.

1. Eine größere Reihe von Versuchen wurde vorgenommen, um die Gesetzmäßigkeiten des Widerstands von Ballonkörpern zu studieren. Es wurden zu diesem Zweck, wie schon kurz im vorigen Jahrbuch erwähnt war, auf galvanoplastischem Wege kupferne Ballonmodelle von etwas über 1 m Länge und ca. 20 cm Durchmesser hergestellt. Man fertigte zunächst über einem Blechkern Formen aus Gips für die einzelnen Teile des Modells an, die mit Paraffin überzogen wurden. Die Paraffinoberfläche wurde nach einer Schablone getreu dem vorgeschriebenen Profil abgedreht und dann, nachdem sie mit Graphit leitend gemacht war, im galvanoplastischen Bade mit einem Kupferniederschlag überzogen. Nach Fertigbearbeitung auf der Drehbank wurde der Kupfermantel durch Ausschmelzen des Paraffins abgelöst, hierauf die einzelnen Teile zum fertigen Modell zusammengelötet.

Das Modell erhielt längs zweier gegenüberliegenden Meridianlinien zahlreiche feine Bohrungen, die zur Messung der Druckverteilung dienten. Hierzu wurde in der Weise verfahren, daß immer alle Löcher bis auf eines verklebt wurden; auf diese Weise stellte sich im Innern des Modells ein Druck her, der übereinstimmte mit dem Druck an der Stelle des offenen Loches; ein Mikromanometer, das mit dem Hohlraum in Verbindung stand, gestattete die Ablesung des Druckes. Durch abwechselndes Öffnen der einzelnen Löcher war man so imstande, die Druckverteilung, die die Luftströmung an der Oberfläche des Modells erzeugte, zu beobachten.

Die Gestalt der Modelle wurde nach einem Rechenverfahren ermittelt, das durch den besonderen Ansatz erlaubte, die Strömungsverhältnisse·und insbesondere die Druckverteilung unter Annahme einer reibungslosen Flüssigkeit zu berechnen und so den Vergleich zwischen diesen mit hydrodynamischen Methoden erhaltenen Resultaten und den Messungen durchzuführen. Es mag hier kurz bemerkt werden, daß die Übereinstimmung zwischen den Ergebnissen der Rechnungen und der Beobachtungen sehr befriedigend ausgefallen ist.

Zur Widerstandsmessung wurden die Modelle an dem Wagensystem der Versuchsanstalt aufgehängt, dessen Schema durch die untenstehende Figur gegeben ist, zu der bemerkt werden mag, daß sich im Innern des Versuchskanals von 2×2 m Querschnitt nur das Modell und die Aufhängedrähte befinden; alle Hebel und Wagen sind außerhalb angebracht. Die Wage I mißt den Widerstand, Wage II und III die Auftriebskräfte, die entstehen, wenn das Modell schräg im Luftstrom steht. Um die Neigung des Modells von außen verändern zu können, kann die Wage III mit ihrem ganzen Hebelwerk in einer Parallelogrammführung gehoben und gesenkt werden.

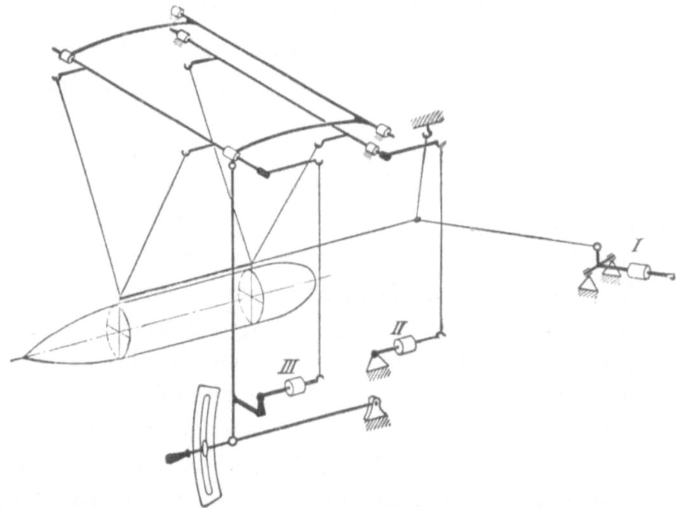

Fig. 1. Wagensystem.

Die Beobachtung der Druckverteilung besitzt besonderes Interesse wegen der Ermittlung des „Druckwiderstands", d. h. desjenigen Widerstands, der durch die Resultante aller Druckkräfte gebildet wird; dieser läßt sich aus der Druckverteilung rechnerisch ermitteln. Neben dem Druckwiderstand besteht als Resultante aller Reibungskräfte der „Reibungswiderstand". Die Gesamtwirkung von Druckwiderstand und Reibungswiderstand, der „Gesamtwiderstand", ist dasjenige, was man mit Hilfe der Wage beobachtet; hat man den Gesamtwiderstand und den Druckwiderstand ermittelt, so ergibt sich der Reibungswiderstand als Differenz

An diese Versuche schlossen sich solche an, bei denen die Modelle durch Heben oder Senken der Wage III in eine schräge Lage zum Luftstrom gebracht wurden. Es ergaben sich so verschiedene wichtige Aufschlüsse über die Drehkräfte und dynamischen Auftriebe, wie sie durch Betätigung des Höhensteuers bei Motorluftschiffen auftreten.

Die abschließende Veröffentlichung über diese Versuchsreihen hat sich leider dadurch unliebsam verzögert, daß der Bearbeiter Herr Dipl.-Ing. G. F u h r m a n n am 1. Oktober 1910 zur Ableistung seines einjährigen Dienstes zum Militär eingezogen wurde und eine Fertigstellung der Arbeit durch einen anderen Beobachter nicht geraten schien.

2. Neben diesen Arbeiten über den Widerstand von Ballonmodellen ging eine andere noch umfangreichere Versuchsreihe einher, die zur Klärung der Luftwiderstandgesetze für ebene und gewölbte Platten, die schräg vom Wind getroffen werden, unternommen wurde. Der Hauptteil dieser Untersuchungen, der sich mit den rechteckigen (ebenen und gewölbten) Platten beschäftigt, ist in dem in diesem Jahrbuch abgedruckten Bericht von Dr.-Ing. O. Föppl ausführlich behandelt, so daß ich mich kurz fassen kann. Es wurden an Platten, die meist aus Zinkblech angefertigt waren, Auftrieb, Widerstand und Lage der Resultierenden mittels der 3 Wagen beobachtet und so die Gesetzmäßigkeiten erforscht, wie diese Größen von der Stärke der Wölbung, dem Seitenverhältnis des Rechteckes und dem Neigungswinkel gegen den Luftstrom abhängen.

Es folgten hierauf Versuche über den Einfluß von Abschrägung und Abrundung der seitlichen Plattenenden. Augenblicklich in Arbeit sind Versuche über die gegenseitige Beeinflussung von hintereinander angeordneten Flächen (Tragfläche und Schwanzfläche beim Aeroplan).

3. Von kleineren Arbeiten sind zu erwähnen: Untersuchungen über den Widerstand von kreisförmigen Platten und von Kugeln, ferner solche über den Widerstand von senkrecht vom Luftstrom getroffenen Drähten und Seilen, desgleichen eine Untersuchung über die Genauigkeit der Druckmessung durch Anbohrungen, des weiteren eine noch nicht abgeschlossene Versuchsreihe über die Reibung der Luft an zylindrischen Ballonkörpern verschiedener Länge.

4. Von Arbeiten in fremdem Auftrag sind zu erwähnen:

a) Ermittlung der Luftkräfte auf ein von Herrn Major v. Parseval eingesandtes Aeroplanmodell.

b) Im Auftrag der Zeppelin-Gesellschaft Widerstandsmessung an zwei eingesandten Ballonmodellen, die aus einem mit Zeug überspannten Metallgerippe bestanden; Herstellung zweier Kupfermodelle und Bestimmung ihres Widerstands und der Druckverteilung.

c) Ermittlung der Luftkräfte für ein Aeroplanmodell der Herren R e i t e r und L a m p r e c h t in Mahlsdorf bei Berlin.

d) Eichung von Geschwindigkeitsmessern (Pitotrohren) der Firma Siemens & Halske.

e) Eichung von Pitotrohren für eine vom Verein deutscher Ingenieure angeregte Forschungsarbeit über Luftgeschwindigkeitsmessung.

In diesem Zusammenhang sei erwähnt, daß die Einrichtungen der Anstalt von Zeit zu Zeit Herrn Regierungsbauführer C u l e m e y e r aus Hannover zu einer Untersuchung über den Luftwiderstand von hinter einander gereihten Körpern (zur Klärung von Fragestellungen über den Luftwiderstand der Eisenbahnzüge) zur Verfügung gestellt wurde.

5. Die Einrichtungen der Anstalt wurden im Berichtsjahr vervollständigt durch eine Vorrichtung zur Prüfung von Schraubenmodellen, mit der die Versuche demnächst beginnen sollen. Die Schrauben werden mittels eines Kegelräderge-

triebes von einem besonderen Elektromotor angetrieben, dessen Drehzahl durch
einen automatischen Regler konstant gehalten wird. Das Drehmoment wird an
einem Kegelrad-Dynamometer mit Laufgewicht gemessen; zwei Universalnaben
gestatten die Befestigung von zwei, drei und vier Propellerflügeln in solcher Weise,
daß die Steigung der Flügel beliebig eingestellt werden kann. In Arbeit ist ein
Aufmeßapparat für Luftschraubenmodelle, der die Flügelprofile auf Papier um-
zeichnet und so eine Kontrolle der richtigen Einstellung der Flügel gestattet.

B. Einiges Bemerkenswertes aus den Versuchsergebnissen.

1. Zu den Versuchen über den Widerstand von Ballonmodellen wurden
einerseits Formen mit zylindrischem Mittelteil und Enden verschiedener Art ähnlich
dem Parseval II und den Zeppelin-Schiffen verwendet, andrerseits eine Reihe von
Formen, deren Meridianlinie als einheitliche Kurve von vorne bis hinten durch-
lief. Es zeigte sich dabei deutlich, daß eine schlanke Zuspitzung am hinteren Ende
viel wichtiger ist als am vorderen; doch darf man auch das Vorderende nicht zu

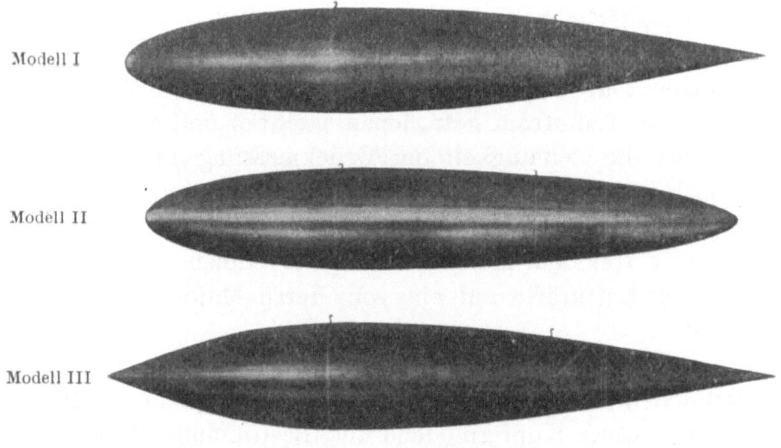

Fig. 2—4.

stumpf ausführen. Die Formen ohne zylindrisches Mittelstück zeigten sich denen
mit langem Zylinder überlegen, wohl hauptsächlich deshalb, weil man dadurch
imstande ist, die Querschnittsübergänge sanfter zu gestalten. Die drei besten Formen,
die sich durch überraschend kleine Widerstandswerte auszeichnen, sind in Fig. 2—4
wiedergegeben.

Form I ist dabei die beste; sie ergibt einen Druckwiderstand, der gleich dem
32. Teil des Widerstandes einer Kugel von gleichem Volumen ist; der Gesamtwiderstand (Druckwiderstand plus Reibungswiderstand) wurde bei 10 m/sec gleich dem
21. Teil des Widerstandes der volumgleichen Kugel gefunden. Zum Verständnis
der nachfolgenden Zahlenangaben mag vorausgeschickt werden, daß die Wider-
standsziffern für Ballonmodelle zweckmäßig auf den Voluminhalt V bezogen werden,
da hier in erster Linie die Frage steht, in welcher äußeren Gestalt man ein g e -
g e b e n e s G a s v o l u m e n am leichtesten transportieren kann. Der D r u c k-

w i d e r s t a n d von geometrisch ähnlichen Körpern ist der dargebotenen Fläche proportional; diese verhält sich aber bei verschieden großen Volumeninhalten wie $V^{2/3}$[1]). Also kann man die Formel für den Druckwiderstand so schreiben:

$$W_D = \xi_D \cdot V^{2/3} \cdot \frac{\gamma\, v^2}{g}$$

ξ_D ist ein nur von der Form, nicht aber von der Schiff- (oder Modell-) Größe abhängiger Zahlwert, der einen zutreffenden Vergleich über die Güte der einzelnen Formen für den Gastransport ergibt. Für die drei Modelle sind für ξ_D die Zahlen

$$0{,}00816; \qquad 0{,}00853; \qquad 0{,}00927$$

gefunden worden.

Über den R e i b u n g s w i d e r s t a n d haben die Versuche ergeben, daß er bei den unvollkommenen Modellen der 1,7. bis 1,8. Potenz der Geschwindigkeit proportional ist, bei den besten Modellen aber, bei denen offenbar — abgesehen vom hinteren Ende — keine störenden Wirbel auftraten, mit der 1,5. Potenz der Geschwindigkeit geht, wie es der Theorie entspricht. Während indes die Beziehungen für den Druckwiderstand in weitesten Grenzen gültig bleiben, wird man nach gewissen Erfahrungen auf hydraulischem Gebiete eine Ausdehnung der für den Reibungswiderstand erhaltenen Gesetze auf große Abmessungen nur mit Vorbehalt vornehmen dürfen (diese Lücke in unserer Kenntnis kann nur durch Versuche im Großen ausgefüllt werden). Will man für den Reibungswiderstand eine Formel angeben, so kann man, der Theorie folgend, schreiben:

$$W_R = \varepsilon_R \cdot \frac{\gamma}{g} \sqrt{V\, v^3\, \nu,}$$

wobei wieder auf den Volumeninhalt des Ballons Bezug genommen ist; ε_R ist dabei wieder ein für die einzelne Ballonform charakteristischer Zahlwert (der natürlich auch von der Rauhigkeit der Oberfläche abhängt); γ ist das Raumgewicht der Luft, ν das „kinematische Zähigkeitsmaß", das für Luft von mittlerer Temperatur und Dichtigkeit den Wert $\nu = 0{,}000\,014$ m²/sec hat. Die Zahl ε_R hat nach den Beobachtungen den Wert

$$2{,}1; \qquad 2{,}55; \qquad 1{,}8$$

für die drei Modelle.

Der G e s a m t w i d e r s t a n d folgt wegen des abweichenden Verhaltens des Reibungswiderstandes natürlich nicht genau dem quadratischen Widerstandsgesetz; wenn man für ihn Zahlen angibt, so ist deshalb die Angabe der Modellgröße und der Geschwindigkeit nötig. Für die drei Modelle, die dasselbe Volumen von 0,0182 m³ hatten, ergibt sich, berechnet nach derselben Formel, wie oben für den Druckwiderstand angegeben, bei einer Geschwindigkeit von 10 m/sec eine Widerstandsziffer für den Gesamtwiderstand von

$$\xi_G = 0{,}0130; \qquad 0{,}0144; \qquad 0{,}0134.$$

---

[1]) Vgl. hierzu Zeitschr. f. Flugtechnik und Motorluftschiffahrt 1910, S. 157.

Die Modelle sind auch in umgekehrter Richtung (mit dem spitzeren Ende nach vorne) in den Luftstrom gehängt worden und haben so ergeben

$$\xi_G = 0{,}0158; \qquad 0{,}0165; \qquad 0{,}0152.$$

Hieraus ist ersichtlich, daß man gut tut, den größten Querschnitt vor die Mitte zu legen.

Die Versuche über die Kräfte bei Schrägstellung des Modells haben (vgl. die Fig. 5) das zunächst überraschende Resultat ergeben, daß bei einem Ballonkörper

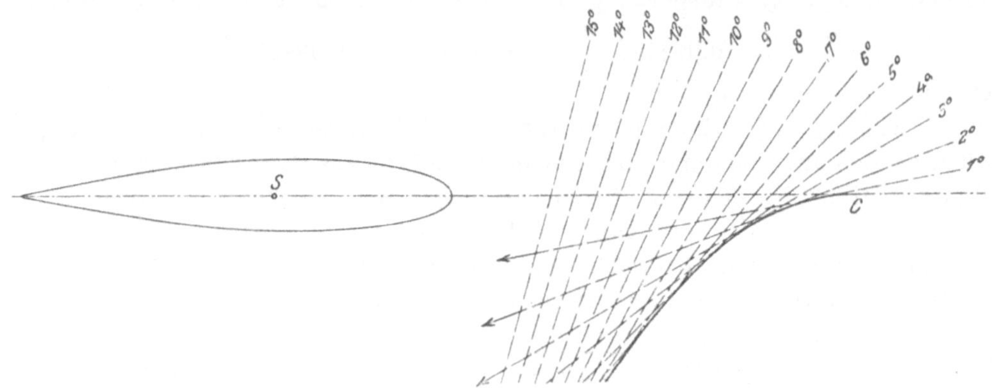

Fig. 5. Lage der Resultierenden für Modell I.

ohne Stabilisierungsflächen die Richtungslinie der resultierenden Kraft weit außerhalb des Modells fällt. Die Sache wird verständlicher, wenn man bedenkt, daß

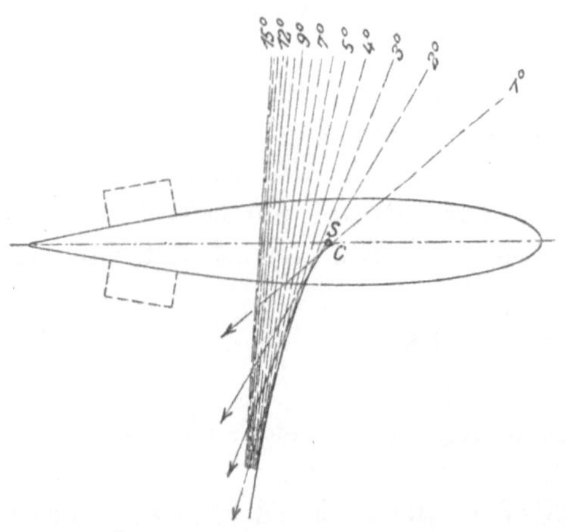

Fig. 6.
Lage der Resultierenden für Modell I
mit Stabilisierungsflächen.

bei Schrägstellung zu einer sehr kleinen Widerstandskraft ein ziemlich bemerkliches Drehmoment hinzukommt. Durch Stabilisierungsflächen wird, wie Fig. 6 zeigt, eine der Stabilität günstige Verlagerung der resultierenden Kraft erzielt unter gleichzeitigem starken Anwachsen der für die dynamische Höhensteuerung nutzbaren Auftriebskräfte.

2. Bezüglich der Untersuchung der ebenen und gewölbten Tragflächen muß der Hauptsache nach auf den nachfolgenden Originalbericht verwiesen werden. Einige besonders bemerkenswerte Umstände mögen aber hier schon Erwähnung finden.

Die Gesetzmäßigkeiten für Auftrieb und Widerstand der Platten haben sich um vieles verwickelter und mannigfaltiger ergeben, als man von vornherein vermuten konnte. Bei den gewölbten Platten scheinen sich (vgl. Fig. 22 S. 102) zwischen den Neigungswinkeln 0⁰ und 25⁰ nicht weniger als vier Gesetze gegenseitig abzulösen; es läßt dies auf einen Wechsel in der Art der Wirbelgebilde längs der

Platte schließen. Besonders auffällig sind die Verhältnisse bei Quadraten und Rechtecken von nahezu quadratischer Gestalt (Fig. 26, S. 108 und Fig. 39, S. 119). Es ergeben sich hier z. B. beim ebenen Quadrat zwischen 38^0 und 42^0 Neigung zwei Werte des Widerstandes, die in gleicher Weise möglich sind, und die erhalten werden, wenn man die Platte, entweder von kleinen Winkeln oder von großen Winkeln kommend, auf einen dieser Winkel einstellt. Die zwei Zustände entsprechen zwei verschiedenen hier möglichen Strömungsarten. (Fig. 19 und 20 S. 89.)

Auffallen mag ferner, wie stark des Verhältnis der Rechteckseiten die Auftriebskräfte beeinflußt, und wie sich selbst bei Seitenverhältnissen von 1 : 6 bis 1 : 8 noch ein recht bemerklicher Unterschied gegen das durch eine Extrapolation errechnete Seitenverhältnis $1 : \infty$ ergibt. Es zeigt sich, daß für die Benützung der Flächen im Aeroplan die Zahlen um so günstiger liegen, je größer das Seitenverhältnis (Breite zu Tiefe) gewählt wird.

Von den Versuchen über den Einfluß von Abrundungen und Abschrägungen der Flügelenden mag hier das Ergebnis mitgeteilt werden, daß bei stärkerer Wölbung (untersucht 1 : 13,5) eine Abschrägung oder Abrundung der hinteren Ecken zwar den Auftrieb vermindert, aber den Widerstand noch mehr verringert, so daß das „Traktionsverhältnis" Auftrieb : Widerstand günstiger wird; bei schwacher Wölbung dagegen (untersucht 1 : 25) war eine verbessernde Wirkung der Abschrägungen nicht zu merken.

3. Über die Ergebnisse der Versuche mit Kreisscheiben, Kugeln und Zylindern (Drähten und Seilen) mag hier das Folgende erwähnt werden.

Schreibt man den Widerstand in Abhängigkeit von dem größten Querschnitt in der Strömungsrichtung, F:

$$W = \psi\, F\, \frac{\gamma\, v^2}{g}$$

$(F = \dfrac{\pi\, d^2}{4}$ bei Scheibe und Kugel, $F = d \,.\, 1$ beim Zylinder$)$, so ergibt sich für die Scheiben (in guter Übereinstimmung mit den Fallversuchen von E i f f e l) $\psi = 0,55$; für die Kugel erhält man gerade $^2/_5$ hiervon, nämlich $\psi = 0,22$. Glatte Zylinder und Drähte von nicht zu kleinem Querschnitt (Grenze : Produkt $v \times d > 0,015$ m²/sec) ergaben $\psi = 0,45$, dünnere Drähte etwas mehr; Seile ergaben je nach der Rauhigkeit Werte von ψ zwischen 0,50 und 0,60.

Um die Kugel mit den Ballonmodellen vergleichen zu können, sei noch erwähnt, daß die Widerstandsziffer bezogen auf $V^{2/3}$ hier $\xi_G = 0,267$ wird.

C. Verzeichnis der bisher erschienenen Publikationen, die im Zusammenhang mit den Arbeiten der Versuchsanstalt stehen.

I. L. P r a n d t l: Die Bedeutung von Modellversuchen für die Luftschiffahrt und Flugtechnik und die Einrichtungen für solche Versuche in Göttingen. (Vorgetragen am 16. Juni 1909 in der Hauptversammlung des Vereins deutscher Ingenieure zu Mainz.) Zeitschr. d. Vereines deutscher Ingenieure 1909, S. 1711 u. f.

II. L. P r a n d t l: Einige für die Flugtechnik wichtige Beziehungen aus der Mechanik. 4. Teil: Luftwiderstand. Zeitschr. f. Flugtechnik und Motorluftschiffahrt 1910, S. 61 und 73.

III. L. P r a n d t l: Bemerkungen über Dimensionen und Luftwiderstandsformeln. Zeitschr. f. Flugtechnik und Motorluftschiffahrt 1910, S. 157.

IV. Mitteilungen aus der Göttinger Modellversuchsanstalt.   Zeitschr. f. Flugtechnik und Motorluftschiffahrt 1910, S. 87, 129, 161, 193, 259; 1911, S. 83:

1. O. Föppl: Der Winddruck auf ebene, schräggestellte Platten von verschiedenem Seitenverhältnis.
2. O. Föppl: Winddruck auf gewölbte Platten von verschiedenem Wölbungspfeil.
3. G. Fuhrmann: Widerstands- und Druckmessungen an Ballonmodellen.
4. G. Fuhrmann: Verhalten von Ballonkörpern bei Schrägstellung.
5. O. Föppl: Einfluß des Seitenverhältnisses auf die Windkräfte bei gewölbten Platten.
6. O. Föppl: Widerstand von Drähten und Seilen.
7. O. Föppl: Einfluß von seitlichen Abschrägungen und Abrundungen auf die Windkräfte bei gewölbten Platten.

D. Personalien.

Von den Mitteln der Motorluftschiff-Studiengesellschaft werden honoriert ein wissenschaftlicher Beobachter und ein Mechaniker; eine Beihilfe der „Göttinger Vereinigung für angewandte Physik und Mathematik" hat die Anstellung eines weiteren Beobachters ermöglicht, eine Beihilfe des Staates die eines weiteren Mechanikers.

Die Stelle des ersten Beobachters hat vom Beginn der Vorarbeiten im März 1907 an bis 1. Oktober 1910 Herr Dipl.-Ing. Georg Fuhrmann innegehabt. Herr Fuhrmann hat an dem guten Gelingen des Baues und besonders der feinmechanischen Einrichtungen großen Anteil. Sein Nachfolger ist Herr Ingenieur Paul Béjeuhr, der augenblicklich zur Geschäftsleitung des „Deutschen Zuverlässigkeitsfluges am Oberrhein" beurlaubt ist. Die von der Göttinger Vereinigung unterhaltene Beobachterstelle hatte vom 1. Januar 1909 bis 1. Juni 1911 Herr Dipl.-Ing. O. Föppl inne; zu seinem Nachfolger ist Herr cand. math. Renner bestimmt, der bisher Herrn Béjeuhr vertreten hat. Der erste Mechaniker Kreutz ist seit 1. Mai 1908, der zweite Mechaniker Lotze seit 1. Juni 1909 in Diensten der Versuchsanstalt.

Windkräfte an ebenen und gewölbten Platten.

I. Vorbemerkungen. — II. Zusammenstellung der Versuche früherer Experimentatoren. — III. Die Strömung um die schräg gestellte Platte in der theoretischen Hydrodynamik. — IV. Die Platte im Versuchskanal. — V. Der Drahtwiderstand. — VI. Bemerkungen zu den Versuchsresultaten. — VII. Der Widerstand der senkrecht vom Wind getroffenen Platte. — Tabellen.

Von

𝔇r.-𝔍ng. O. Föppl-Aachen.

I. Vorbemerkungen.

Die großartige Entwicklung der Flugtechnik in den letzten Jahren hat das Interesse für die Kräfte, die an schräg vom Wind getroffenen Flächen angreifen, bedeutend gesteigert. Es sind allerdings schon viele Versuche in dieser Richtung — teilweise sogar schon im 18. Jahrhundert — angestellt worden. Die dabei gefundenen Ergebnisse weichen aber einerseits stark voneinander ab, andererseits sind die Einflüsse des Seitenverhältnisses und des Wölbungspfeiles zu wenig berücksichtigt, so daß sich die im nachfolgenden mitgeteilte gründliche Untersuchung der Frage wohl verlohnt. Es soll dabei über die Abhängigkeit des Auftriebs und des Widerstandes der Platten vom Neigungswinkel, Seitenverhältnis und Wölbungspfeil berichtet werden. Eine Untersuchung an ähnlichen Platten bei verschiedenen Geschwindigkeiten weist darauf hin, daß die Proportionalität des Auftriebs und des Widerstandes mit der Fläche der Platte und mit v^2 (v = Geschwindigkeit) ziemlich gut erfüllt ist. Es wurden deshalb bei allen Versuchen die mit den einzelnen Platten erhaltenen Meßresultate durch die Fläche der Platte und durch $\frac{\gamma\,v^2}{g}$ (γ = Dichte der Luft) dividiert und auf diese Weise Koeffizienten gefunden, die für ähnliche Platten bei beliebigen Geschwindigkeiten gültig sind.

Die · vorliegenden Versuche wurden in der Göttinger Modellversuchsanstalt ausgeführt, die Herr Professor Prandtl mit den Mitteln der Motorluftschiff-Studiengesellschaft geschaffen hat. Die Anregung zu den Versuchen erhielt ich von Prof. Prandtl, der mir auch bei der Durchführung der Versuche stets mit seinem Rat zur Seite stand. Auch an dieser Stelle möchte ich ihm dafür meinen besten Dank aussprechen. Vielen Dank schulde ich ferner der Motorluftschiff-Studiengesellschaft, die ihre Mittel in uneigennützigster Weise zur Erforschung der Aerodynamik zur Verfügung stellte und die durch Aufnahme meiner Arbeit in ihr Jahrbuch eine tadellose Ausführung der Drucklegung ermöglicht hat.

Was die Arbeit im einzelnen betrifft, ist zu bemerken, daß es sich im historischen Teil als nötig erwies, den Koeffizienten $\zeta_{90°}$[1]) für die senkrecht vom

---

[1]) Unter $\zeta_{90°}$ ist der Koeffizient für die senkrecht getroffene Platte in der Formel: Widerstand der Platte $= \zeta_{90°} \cdot \frac{\gamma\,v^2}{g} \cdot$ Plattenfläche verstanden. Bei schräg getroffenen Platten läßt sich die resultierende Windkraft in eine Komponente senkrecht zur Bewegungsrichtung

4*

Wind getroffene ebene Platte von quadratischem Format einheitlich anzunehmen und die Resultate der einzelnen Experimentatoren darauf zu reduzieren, um sie besser miteinander vergleichen zu können. Ich wählte dazu ζ_{90}. zu 0,6 als abgerundete Zahl, wie sie sich als Mittelwert nach den besten Versuchen ergibt.

Die Zahlenrechnungen, die bei der Ausarbeitung der Versuchsergebnisse in den Tabellen vorkamen, wurden durchwegs mit Hilfe des Rechenschiebers ausgeführt, so daß die Genauigkeit der erhaltenen Resultate nur einige Promille beträgt.

II. Zusammenstellung der Versuche früherer Experimentatoren.

Für die Enzyklopädie der Math. Wissensch. hat Prof. F i n s t e r w a l d e r im Jahre 1902 einen Beitrag geliefert, der den Titel „Aerodynamik" trägt (Band IV, Artikel 17). An dieser Stelle sind die bis dahin bekannten Resultate der gesamten Aerodynamik in zusammengedrängter Form wiedergegeben. In § 5 und § 6 der genannten Abhandlung wird über die Versuche an schräg zum Wind gestellten Platten berichtet. Es findet sich dabei eine reichhaltige Literaturangabe, die mir für die folgenden Ausführungen als Grundlage diente. Außer den bei Finsterwalder zitierten Werken sollen hier auch die inzwischen bekannt gewordenen neueren Versuche Berücksichtigung finden.

Versuche zur Ermittlung der Windkräfte an schrägen Platten sind schon im 18. Jahrhundert angestellt worden. H u t t o n, B o r d a und andere haben sich damit befaßt. Wir wollen uns hier aber nicht mit den Originalarbeiten dieser ersten Experimentatoren beschäftigen, sondern gleich mit **Duchemin** beginnen, der im Jahre 1842 sein Werk „Recherches Expérimentales sur les Lois de la Résistance des Fluides" herausgegeben hat. In diesem Buch wird nicht nur über die eigenen Versuche Duchemins berichtet, es sind vielmehr alle vorausgehenden Versuche zusammengefaßt und in den aufgestellten Formeln berücksichtigt. Wenden wir uns erst seinen eigenen Versuchen zu.

Duchemin hat sowohl den Widerstand der ruhenden Platte im fließenden Strom als auch den der bewegten Platte im ruhenden Wasser untersucht. Die Versuche der zweiten Art hat er im Bassin des Kanals Saint Maur, das 80×35 m breit und 6 m tief ist, angestellt. Er spannte über den Teich ein Seil und zog längs demselben eine Barke durch die Fluten. An ihr war die Platte befestigt, die ins Wasser tauchte. Die Barke trug außerdem die Meßinstrumente. Die Versuche im bewegten Wasser sind an dem Mühlkanal von Saint Maur angestellt worden. Hier hat er namentlich Versuche angestellt, um die Richtung der Strömung in der Nähe einer schräg gestellten Platte zu ermitteln; und zwar benützte er dazu Seidenbänder, die unter Wasser tauchten. Nach den dabei gefundenen Resultaten zeichnet er Strombilder, bei denen der scharfe Knick in den Stromlinien sehr auffällig ist. Auf der Rückseite der Platte nimmt er zwar das Vorhandensein eines Wirbels an, hält sich aber sonst wenig mit den Vorgängen hinter der Platte auf.

— Auftrieb — und in eine Komponente in Bewegungsrichtung — Widerstand — zerlegen. Die entsprechenden Koeffizienten sind im nachfolgenden mit ζ_A und ζ_W bezeichnet.

Die Zahlenwerte seiner Messung gibt Duchemin nicht im einzelnen wieder. Er benützt sie vielmehr zusammen mit den Versuchen von B o r d a , H u t t o n , D u b u a t , L o m b a r d , B o s s u t und anderen, um für die schräg gestellte Platte eine Formel über die Abhängigkeit der resultierenden Kraft vom Neigungswinkel anzugeben. Die Formel lautet:

$$W = \frac{1{,}254\,\gamma\,v^2 \cdot F \cdot \sin\alpha}{g\,(1 + \sin^2\alpha)}.$$

Schreiben wir die Formel in unserer Ausdrucksweise an, nämlich: $W = \zeta \cdot \dfrac{\gamma\,v^2}{g} \cdot F$,

so wird $\zeta = \dfrac{1{,}254 \cdot \sin\alpha}{1 + \sin^2\alpha}$. Für die senkrecht vom Wind getroffene Platte wird

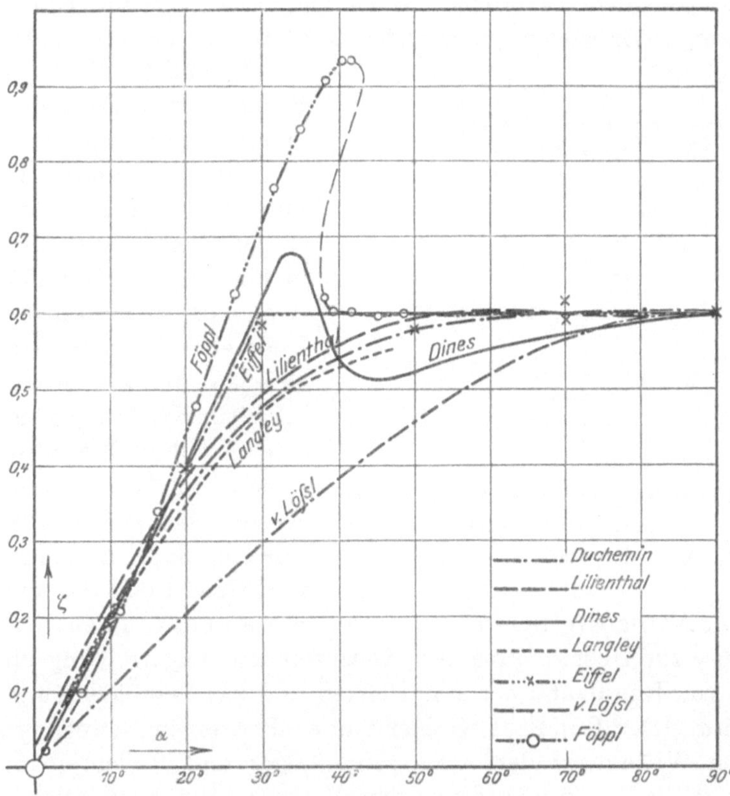

Fig. 1. Vergleichende Zusammenstellung der Versuche an quadratischen Platten (reduziert auf $\zeta_{90°} = 0{,}6$).

$\zeta_{90°} = 0{,}627$, was mit dem Widerstandskoeffizienten 0,60, wie wir ihn nach neueren Messungen für die quadratische Platte annehmen wollen, sehr gut übereinstimmt. Eine Abhängigkeit des Koeffizienten vom Seitenverhältnis gibt Duchemin nicht an; zum Aufstellen der Formel geht er von der Kraft aus, die ein Wasserstrahl auf eine schräg getroffene Platte ausübt. Er hat selbst Versuche über diesen Gegenstand angestellt und benützt außerdem die Resultate von B o s s u t .

In Fig. 1 ist nach der Ducheminschen Formel der Auftriebskoeffizient als Funktion des Neigungswinkels eingetragen. Es fällt dabei auf, wie verhältnismäßig gut die Ducheminschen Werte mit den neueren Versuchsergebnissen übereinstimmen — viel besser wie manche später gefundenen Zahlen.

Lilienthal. [1]) Die Versuche des Vorkämpfers der Flugtechnik wollen wir etwas ausführlicher behandeln als die Versuche der anderen Experimentatoren, weil seine Resultate überall Eingang gefunden haben, und, weil die grundlegenden Erfolge dieses Mannes in der praktischen Flugtechnik auch das größte Interesse für seine experimentellen Grundlagen wachrufen.

Lilienthals Werk „Der Vogelflug" erschien im Jahre 1889. In diesem Buch sind unter anderem die Resultate seiner Messungen an schräg zum Wind gestellten Platten in Kurvendarstellung wiedergegeben. Lilienthal hat seine Messungen in zwei Arten durchgeführt; er hat Versuche am Rundlauf angestellt, und er hat Platten dem natürlichen Wind ausgesetzt und die Kräfte an Federwagen abgelesen. Wir wollen uns zuerst den Versuchen der ersten Art zuwenden.

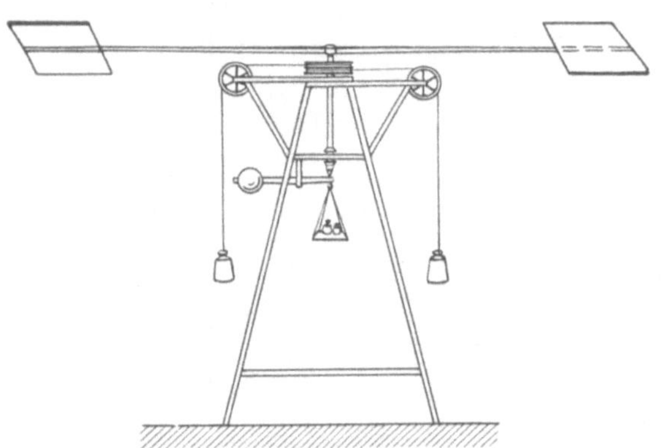

Fig. 2. Lilienthals Rundlauf (aus O. Lilienthal „Der Vogelflug" 2. Aufl. 1910, herausgeg. von G. Lilienthal).

Lilienthal hat verschiedene Rundlaufapparate von 2 bis 7 m Durchmesser benützt und Platten von 10 bis 50 qdm Flächeninhalt untersucht. Die schematische Darstellung seines Apparates findet sich in Fig. 2. Der Rundlauf hat zwei Arme, die beide an ihrem äußeren Ende eine gleiche Platte, unter dem gleichen Winkel gegen die Fortschreitungsrichtung eingestellt, tragen. Auf diese Weise ist es erreicht, daß auf die Achse des Rundlaufs nur Kräftepaare zur Wirkung kommen. Der Rundlauf wird angetrieben von zwei Gewichten, die über Rollen geführt sind. Die Antriebsvorrichtung gestattet es, sofort das ausgeübte Drehmoment anzugeben, das zur Überwindung der Rollenreibung, Lagerreibung und des Luftwiderstandes von Rundlaufarmen und Platten und zur Beschleunigung der Massen verwendet wird. Der Rundlauf wird erst ohne Platten in Bewegung gesetzt und der schädliche Widerstand der Arme samt Lager und Rollenreibung gemessen. Das Resultat dieser Messung wird von dem Widerstand des Rundlaufs mit Platten abgezogen. Die Differenz liefert den Widerstand der beiden Platten. Es ist außerdem nötig, den Auftrieb zu bestimmen, wozu die Wage in Fig. 2 Verwendung findet. Das gesamte Gewicht des drehbaren Rundlaufteiles ruht durch Vermittlung einer Spitze auf dem Waghebel. Der Auftrieb der beiden Flächen vermindert den Druck auf den Waghebel um einen Betrag, der abgelesen wird. Die Relativgeschwindigkeit der Platte gegen die umgebende Luft ist proportional der abgelesenen Umdrehungsgeschwindigkeit. Es lassen sich also, wie man sieht, alle wichtigen Größen auf leichte Weise ermitteln. Der große Rundlauf stand im Freien, bei den

---

[1]) Die Versuche sind von den beiden Brüdern Otto und Gustav Lilienthal gemeinsam ausgeführt worden.

kleineren ist der Aufstellungsort nicht angegeben. Nicht berücksichtigt wird der Mitwind, der sicher bei Lilienthals Anordnung recht beträchtlich ist. Denn zum Unterschied von den neueren Rundlaufapparaten von D i n e s und L a n g l e y hat Lilienthal, wie schon erwähnt, auf beiden Armen Platten angebracht, die, verglichen mit dem Durchmesser des Rundlaufs, verhältnismäßig große Abmessungen besitzen. In seinem Werk (Seite 91) macht Lilienthal selbst darauf aufmerksam, daß die gegenseitige Beeinflussung der beiden Platten zu Fehlern Anlaß gibt. Bei den Versuchen im Freien kommt außerdem die Wirkung des natürlichen Windes als schädliches Moment hinzu.

Wenn man von Lilienthals Versuchsapparaten spricht, muß man berücksichtigen, daß ihm nicht die großen Mittel eines Langley, Dines oder Eiffel zur Verfügung standen. Er hat vielmehr mit kleinen Mitteln Großes geschaffen. Dabei liegt es in der Natur der Sache, daß den bescheidenen Apparaten entsprechend manche Ungenauigkeiten in den Messungen enthalten sind, die man jetzt an Hand der vielen inzwischen gemachten Versuche leicht aufdecken kann.

Lilienthal hat Versuche an ebenen und gewölbten Platten ausgeführt. Die Versuche der letzteren Art sind die bedeutenderen, da Lilienthal als erster auf die gewölbten Platten, die heutzutage die Grundlage für jedes Flugzeug bilden aufmerksam gemacht und ihre große Bedeutung für den Menschenflug erkannt hat. Wir wollen uns zuerst mit seinen Untersuchungen an ebenen Platten befassen, da wir an Hand dieser Versuche leichter auf die mutmaßlichen Fehlerquellen hinweisen können.

Vor allem muß erwähnt werden, daß Lilienthal den Einfluß des Seitenverhältnisses auf die Windkräfte — namentlich bei geringen Neigungen der Platte gegen den Wind — wohl erkannt und darauf hingewiesen hat. Seine Versuche an ebenen Platten führt er aber nur für quadratisches Format aus, und deshalb wollen wir die Werte für unsere quadratische Platte zum Vergleich heranziehen.

Entsprechend der verschiedenen Meßmethode müssen wir seine Auftriebs- und Widerstandskoeffizienten getrennt untersuchen. Zu diesem Zweck wurden ζ_A und ζ_W für die ebene Platte aus seinen Tafeln ermittelt und in Fig. 3 und 4 abhängig vom Neigungswinkel aufgetragen. Bei den ζ_W-Werten ist die Abweichung von Lilienthals und unseren Messungen viel größer als bei den ζ_A-Werten. Die ζ_W-Werte fallen bei Lilienthal viel zu hoch aus.[1] Besonders augenfällig wird diese Tatsache, wenn man Lilienthals Widerstandswert für die senkrecht vom Wind getroffene Platte mit den Werten von D u c h e m i n, E i f f e l und anderen vergleicht. Lilienthal gibt als Koeffizienten 0,13 an. Wir müssen diese

Zahl durch $\dfrac{\gamma}{g}$ dividieren, um ζ_{90° in der von uns verwendeten Ausdrucksweise zu erhalten. Es steht dann der Lilienthalsche Wert von 1,03 dem neueren Wert von 0,6 gegenüber. Welchen Ursachen die mangelhafte Messung der Widerstandskomponente zuzuschreiben ist, darüber lassen sich natürlich nur Vermutungen anstellen. Neben den vorhin genannten Fehlerquellen des Rundlaufapparates, auf die Lilienthal selbst hingewiesen hat, läßt sich vermuten, daß der Rundlauf keine konstante Geschwindigkeit erreichte, und daß deshalb ein Teil des ge-

---

[1] In Fig. 4 tritt die Verschiedenheit nicht so stark hervor, weil die Kurven auf gleiche Werte bei 90° reduziert sind.

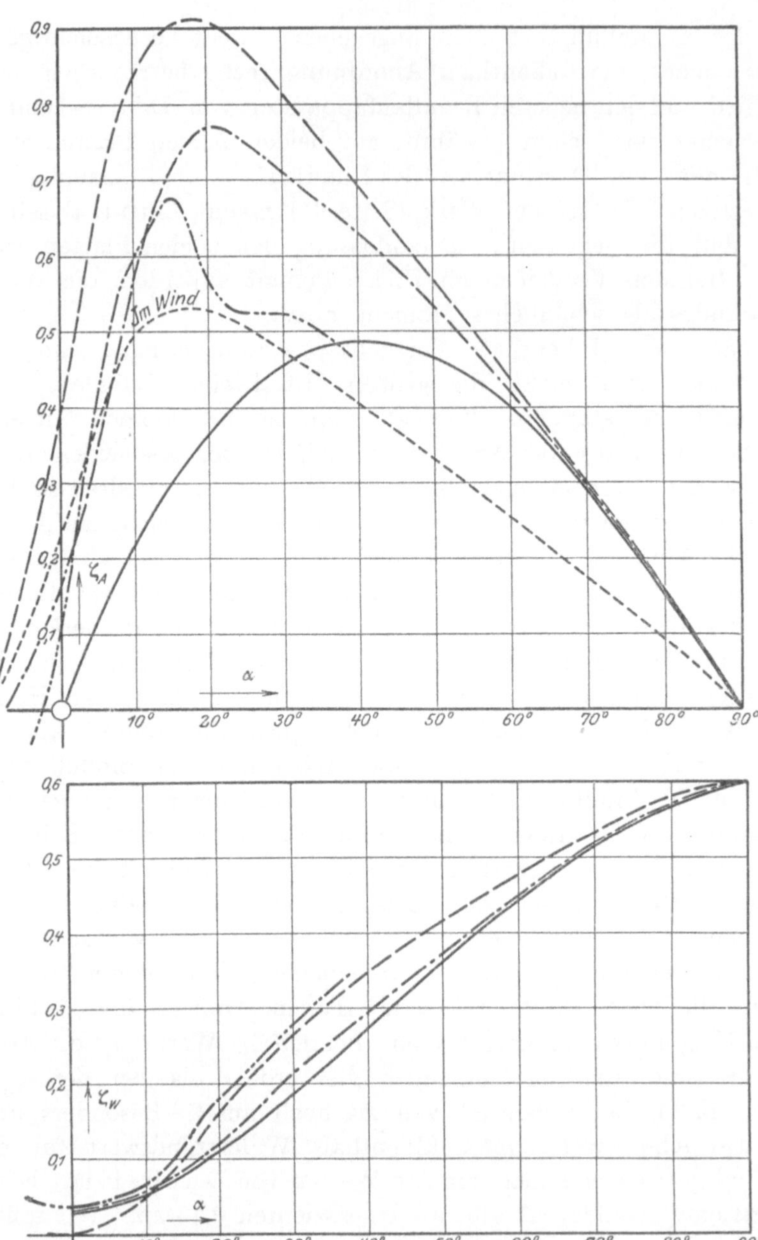

Fig. 3 u. 4. Auftriebskoeffizienten ζ_A und Widerstandskoeffizienten ζ_W
nach Lilienthals Messungen.

———— Ebene quadr. Platte am Rundlauf gemessen; ζ_W durch 1,71 dividiert.

—·—·— Gewölbte Platte $\dfrac{\text{Pfeil}}{\text{Sehne}} = \dfrac{1}{12}$ (Format siehe Fig. 7) am Rundlauf gemessen.
ζ_W durch 1,71 dividiert.

— — — Dieselbe Platte im natürl. Wind.

········ Die nämlichen Resultate, dividiert durch 1,71 (siehe S. 57).

—··—··— Unsere Resultate mit der Platte 20 × 80 cm und f = 1,65 cm (zum Vergleich
mit eingezeichnet)

messen Drehmomentes auf die Beschleunigung der Massen fällt. Für die senkrecht vom Wind getroffenen Platten geben also Lilienthals Rundlaufversuche gegenüber den Resultaten anderer Experimentatoren um das 1,71 fache zu hohe Werte. Die Annahme liegt da nahe, daß auch für die geneigte Platte die am Rundlauf ermittelten Widerstandswerte zu hoch herauskommen. Es wurden deshalb alle seine am Rundlauf ermittelten ζ_w-Werte durch $\dfrac{1,03}{0,6} = 1,71$ dividiert und die korrigierten Werte für die quadratische Platte in Fig. 1 eingetragen. Ebenso ist bei seinen Rundlaufversuchen an gewölbten Platten diese Korrektur berücksichtigt und die Kurven Fig. 4 danach gezeichnet.

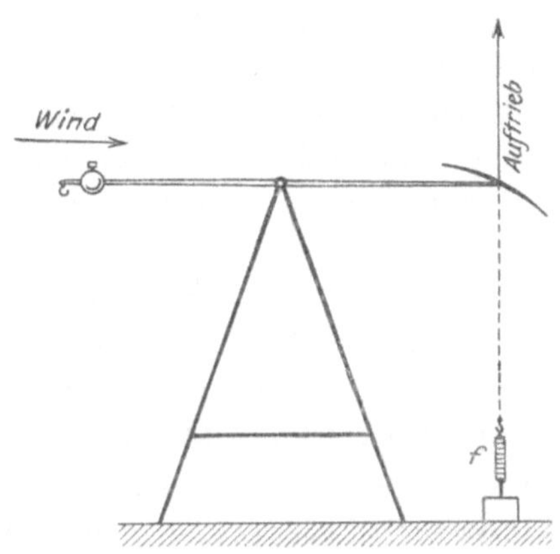

Fig. 5. Lilienthals Vorrichtung, mit der er die Kräfte an Platten im natürlichen Wind gemessen hat.

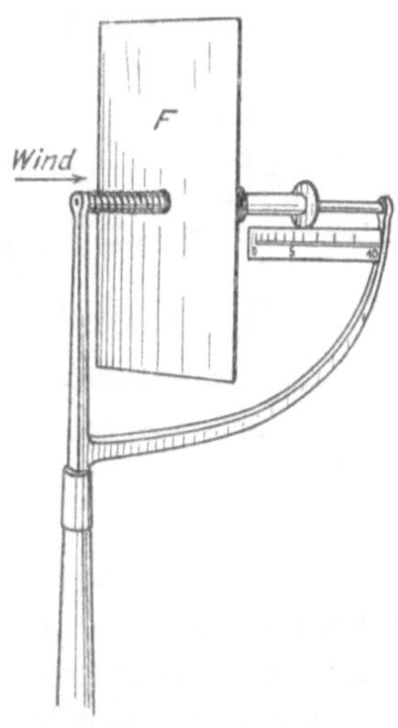

Fig. 6. Vorrichtung zur Messung der Windgeschwindigkeit.

Wir kommen nun zu Lilienthals Versuchen im natürlichen Wind, die nur an gewölbten Platten durchgeführt sind. Der Apparat, den er zu seinen Messungen verwendet hat, ist in Fig. 5 wiedergegeben. In der gleichen Weise, wie in der schematischen Darstellung die Bestimmung des Auftriebs durch die Federwage geschieht, kann natürlich auch die Widerstandskomponente ermittelt werden. Die Stange, auf der die Platte befestigt ist, wird zu dem Zwecke um 90° gedreht, die Platte wieder unter dem gleichen Winkel gegen die Windrichtung eingestellt, und die Federwage versetzt. Die Messungen im natürlichen Wind wären sehr gut ausgefallen, wenn sich nicht der Fehler in der Ermittlung des Widerstandes am Rundlauf mit eingeschlichen hätte. Lilienthal hat nämlich die Windgeschwindigkeit mit einem eigenartigen Instrument bestimmt, mit dem er sicher sehr genaue Angaben hätte machen können, wenn er bei der Eichung nicht den fehlerhaften, am Rundlauf gemessenen Wert benützt hätte.

Der Apparat zur Messung der Windgeschwindigkeit ist in Fig. 6 dargestellt. Die senkrecht vom Wind getroffene Scheibe weicht längs einer Führung zurück und spannt eine Feder. Die Größe der Federkraft wird vor dem Versuch für jede Stellung der Platte, die durch die Stellung des Zeigers definiert ist, durch Anhängen von Gewichten bestimmt — das Instrument wird geeicht. Wenn der Wind bläst, ist die Kraft, die auf die Platte wirkt, von gleicher Größe wie vorher das Gewicht, das das gleiche Zurückweichen der Platte veranlaßt hatte. Aus der Windkraft läßt sich die Windgeschwindigkeit nach der Formel: $W = \zeta_{90^\circ} \cdot \dfrac{\gamma}{g} \cdot v^2 \cdot F$ ermitteln. Lilienthal benützt den Wert für ζ_{90°, den er am Rundlauf ermittelt hat, und der um 70 % zu hoch ausgefallen ist, und damit wird die errechnete Windgeschwindigkeit um das $\sqrt{1{,}71}$ fache zu niedrig bestimmt. Die Koeffizienten für die Platte im natürlichen Wind wurden deshalb durch 1,71 dividiert und man erhält dann — wenigstens bei den Neigungswinkeln bis 10⁰ — ganz gute Übereinstimmung mit unseren Werten. Es kommen außerdem durch diese Korrektur Lilienthals eigene Rundlauf- und Windmessungen zu besserer Übereinstimmung. Die Resultate sind in Fig. 3 und 4 aufgenommen. Beim Vergleich mit unseren Messungen ist zu berücksichtigen, daß unsere Platten rechteckige Projektion besitzen, während Lilienthals Platten den nebenan wiedergegebenen Grundriß (Fig. 7) haben. Es läßt sich deshalb keine volle Übereinstimmung mit unseren Zahlen erwarten. Zum Vergleich ist die Platte mit dem Seitenverhältnis 1 : 4 herangezogen, die noch die größte Ähnlichkeit mit Lilienthals Ausführung hat. Am meisten weichen noch die Lilienthalschen und die unsrigen Messungen bei Neigungswinkeln um 0⁰ herum ab. Wenn man auch hierfür eine Erklärung suchen und die Abweichung den Lilienthalschen Zahlen zuschreiben wollte, könnte man annehmen, daß bei seinen Messungen der Ausschlag, den die Platte unter dem Einfluß des Windes machen muß, um die Federwage anzuspannen, nicht genügend berücksichtigt ist.

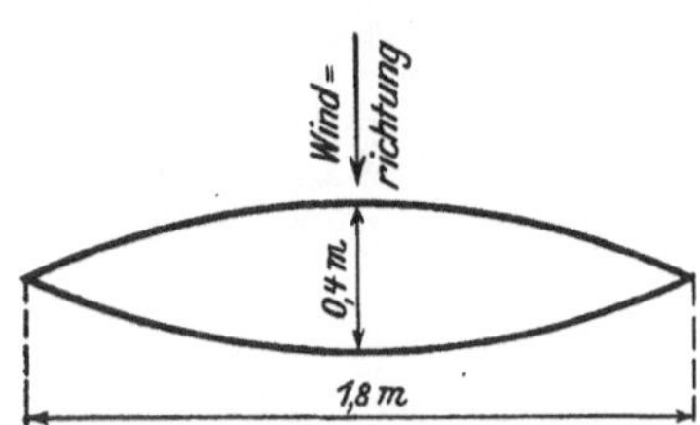

Fig. 7. Grundriß der Lilienthalschen Versuchsplatte.

Zum Schluß sei erwähnt, daß es jetzt, nachdem die Ergebnisse der verschiedensten Versuche vorliegen, ein Leichtes ist, auf die mutmaßlichen Fehlerquellen Lilienthals hinzuweisen. Die überaus großen Verdienste Lilienthals, der nicht nur für die praktische, sondern auch für die experimentelle Flugtechnik Großes geleistet hat, werden damit keineswegs geschmälert.

Anmerkung: In seinem vortrefflichen Buch „Aerodynamik" spricht L a n - c h e s t e r in § 108 Herrn H o r a t i o F r e d e r i k P h i l l i p s das Verdienst zu, als erster den Vorteil erkannt zu haben, den die Benützung flügelförmiger Flächen in der Flugtechnik bietet. Herr Philipps ließ sich im Jahre 1884 ein Patent auf diese Erfindung geben. Lilienthal trat allerdings erst im Jahre 1889 mit seinem Werk an die Öffentlichkeit. Er machte aber zu dieser Zeit die Fülle seiner Experimente, die viele Jahre gekostet haben, bekannt. Und daß er die günstige Tragwirkung von gewölbten Flächen schon längst erkannt hatte, dafür bürgt in § 32 folgender Satz:

„Die ersten derartigen Versuche mit den beschriebenen Apparaten [Fig. 5] wurden von uns im Jahre 1874 angestellt, und zwar mit seitlich zugespitzten Flächen von $^1/_4$ qm Inhalt, d i e e i n e H ö h l u n g v o n $^1/_{12}$ d e r B r e i t e besaßen."

Ich glaube demnach, man muß unbedingt L i l i e n t h a l das Verdienst zusprechen, die Überlegenheit der gewölbten gegenüber der ebenen Fläche als erster entdeckt zu haben.

Dines und **Langley.** Die Versuche dieser beiden Männer wollen wir deshalb in einem Abschnitt behandeln, weil die verwendeten Versuchsvorrichtungen sehr ähnlich sind. Dines hat seine Versuche in Hersham an einem Rundlauf von 17 m Durchmesser ausgeführt und dabei 20 bis 30 m/sec Geschwindigkeit erreicht. Die gewonnenen Resultate sind in den Roy. Soc. Proc. London, Bd. 48 und 50, veröffentlicht. Langley benützte einen Rundlauf von 18 m Durchmesser und erreichte ähnliche Geschwindigkeiten wie Dines. Seine Versuche sind zusammenhängend in der Smithsonian Collection veröffentlicht. Auf den Mitwind wird bei den Versuchen der beiden Männer keine Rücksicht genommen. Der dadurch verursachte Fehler ist aber klein, da der Durchmesser des Rundlaufs gegen die Plattenabmessungen groß ist. Auch der schädliche Einfluß des natürlichen Windes ist — z. B. gegenüber der Lilienthalschen Anordnung — verhältnismäßig gering, da die erzielten Eigengeschwindigkeiten sehr hoch sind. L a n c h e s t e r gibt in seinem Werk „Aerodynamik" (übersetzt von C. und A. R u n g e) eine sehr ausführliche Besprechung der Rundlaufapparate von Dines und Langley. Da wohl die meisten, die sich für die Versuche an schräg vom Wind getroffenen Platten interessieren, das genannte Buch kennen werden, wollen wir nur kurz über die Einrichtung der beiden Rundlaufapparate sprechen.

Der Rundlauf von D i n e s wird durch eine Dampfmaschine angetrieben. Die Drehungsgeschwindigkeit zeichnet ein Chronograph auf. Die Platte ist an dem einen Arm eines drehbar gelagerten Winkelhebels befestigt; auf dem anderen Arm sitzt ein Gewicht, das durch seine Zentrifugalkraft der an der Platte angreifenden Windkraft das Gleichgewicht hält. Der Winkelhebel kann mitsamt der Platte um kleine Beträge ausschlagen. Der Hub ist auf beiden Seiten von Anschlägen begrenzt. Berührt der Winkelhebel einen der Anschläge, so wird ein Windrad eingeschaltet, das ein Balanciergewicht so lange verschiebt, bis sich der Arm wieder von dem Anschlag wegbewegt. Wenn der Winkelhebel an den gegenüberliegenden Anschlag anstößt, verschiebt das Windrad das Balanciergewicht in der entgegengesetzten Richtung. Da sowohl die Windkraft als auch die Zentrifugalkraft proportional mit v wachsen, bleibt das Gleichgewicht, das einmal für eine Geschwindigkeit hergestellt ist, auch für jede andere Geschwindigkeit bestehen.

Dines macht auf einen die Messung beeinträchtigenden Nebenumstand aufmerksam: infolge der großen Zentrifugalkräfte wird der Rundlaufarm um einige Grad tordiert. Um den gleichen Betrag ändert natürlich die Platte ihre Einstellung relativ zur Bewegungsrichtung. Für die bestimmte Geschwindigkeit von 64 km/Std. hat Dines die Verdrehung festgestellt. Er untersucht nun alle seine Platten bei dieser einen Geschwindigxeit und berücksichtigt die bekannte Verdrehung bei der Bestimmung des Neigungswinkels α. Dines hat die verschiedensten Platten, Hohlkugeln, Zylinder usw. im Wind untersucht. Die Resultate für seine ebenen Platten sind in der Tafel 1 zu finden. Es wurden dabei Dines' Werte um etwa 10 % niedriger in die Tabelle eingetragen, damit sein Widerstandswert für die senkrecht getroffene Platte mit dem als richtig angenommenen 0,6

übereinstimmt. Es handelt sich um eine quadratische Platte von einem Quadratfuß = 9,3 qdm Inhalt; der Querschnitt der Platte in Richtung der Bewegung ist
ein flaches gleichschenkliges Dreieck, so daß wir von vornherein keine volle Übereinstimmung zwischen Dines' Werten und den unseren erwarten dürfen. Nichtsdestoweniger zeigen die Dinesschen Kurven sehr viel Ähnlichkeit mit unseren
Resultaten. Dines hat auch gewölbte Platten untersucht. Er beschränkte seine
Messungen in dieser Richtung auf Platten mit quadratischer Projektion. Die
Platten waren gefertigt aus biegsamem Stahlblech; die Wölbung wurde erzielt
durch zwei dünne Drähte, die die beiden Plattenkanten zusammenzogen.

L a n g l e y läßt seinen Rundlauf ebenfalls durch eine Dampfmaschine antreiben. Die Kraftübertragung auf die Rundlaufwelle geschieht durch ein Vorgelege
mit Kegelrädern unter dem Fußboden. Auf den einen Arm des Rundlaufs werden
die Meßvorrichtungen samt der Platte gesetzt. Die an der Platte angreifende Windkraft wird durch Federwagen gemessen. Langley setzt die verschiedensten
Meßvorrichtungen, mit denen die Meßplatten in Verbindung gebracht werden,
auf den Rundlaufarm, um die Fehler, die jeder Meßmethode innewohnen, möglichst
zu beseitigen. Ein Apparat, der an dem Ende des Rundlaufarms befestigt ist,
dient zur Bestimmung des resultierenden Winddrucks, ein anderer Apparat mißt
die beiden Komponenten des Drucks. Weiter setzt Langley auf den Rundlaufarm einen „rollenden Wagen", eine Plattenfallmaschine und anderes. Der Apparat
zur Bestimmung des resultierenden Winddrucks besteht aus einem Träger von
etwa 2, 3 m Länge, der am Ende des einen Rundlaufarmes — Trägerachse parallel
zum Rundlaufarm — sitzt, und der in seiner Mitte um zwei Achsen drehbar gelagert
ist. Das vorstehende Ende des Trägers kann nach oben und unten und nach den
beiden Seiten hin ausschlagen, wobei sich gleichzeitig das andere Ende, das nach
der Rundlaufachse zu liegt, nach der entgegengesetzten Richtung hin bewegt.
Auf dem vorstehenden Ende des Trägers sitzt die zu untersuchende Platte; das
andere Ende wird durch Federn in einer Mittellage gehalten. Der Winddruck auf
die Platte bewirkt ein Ausschlagen der Platte und damit eine Drehung des Trägers
um seine Mitte. Die Federn werden dadurch gespannt, und es ist die Windkraft
auf die Platte gleich und von entgegengesetzter Richtung mit der Federspannung.
Der Ausschlag des Trägerendes wird von einem Bleistift auf ein Blatt Papier aufgezeichnet. Es ist nur noch nötig, bei ruhendem Rundlauf die Kraft zu bestimmen,
die die Federn so weit ausschlagen läßt, wie die Aufzeichnung auf dem Papier
ergibt. Man erhält damit den resultierenden Winddruck nach Größe und Richtung.
Nach Langleys eigenen Angaben hat der vorstehend beschriebene Apparat
noch einige Mängel. Es erfuhren deshalb die Messungen, die damit ausgeführt
wurden, eine Verbesserung durch den „Komponenten-Meßapparat". Es ist das
eine Vorrichtung, die den Auftrieb und den Widerstand der Platte getrennt ermittelt.
Der Widerstand wird dabei in ähnlicher Weise wie vorhin durch eine Federspannung
gemessen. Um den Auftrieb zu ermitteln, ist der Platte die Bewegungsfreiheit
in senkrechter Richtung belassen — der Träger kann sich in seiner Mitte um eine
wagrechte Achse drehen. Bei stillstehendem Rundlauf drückt ein Übergewicht auf
der Seite, auf der die Platte sitzt, das vorstehende Trägerende nach unten auf einen
Anschlag. Nun wird der Rundlauf in Gang gesetzt und die Tourenzahl so hoch

gesteigert, bis der Auftrieb der Platte so groß wird wie das genannte Übergewicht. Das Trägerende verläßt dann seine Unterlage, die Platte schwebt. Dasselbe Experiment wird mit den verschiedensten Neigungswinkel der Plattegegen die Fortschreitungsrichtung wiederholt. Auf diese Weise erhält Langley die Geschwindigkeit, die zu dem Auftrieb = Übergewicht gehört, abhängig vom Neigungswinkel α und von der Geschwindigkeit v. Aus seinen Werten folgt, da der Auftrieb proportional v^2 ist, die Abhängigkeit zwischen ζ_A und α. Die Werte, die Langley mit seiner Komponentenmeßvorrichtung ermittelt hat, sind in Fig. 1 abhängig vom Neigungswinkel eingetragen. Langley hat den Widerstandswert ζ_{90° für die senkrecht getroffene Platte zu 0,68 bestimmt. Es wurden deshalb seine Resultate mit 0,6/0,68 multipliziert, so daß die Kurve bei 90^0 den Wert $\zeta_{90^\circ} = 0,6$ erreicht. Als besonderes Verdienst Langleys ist hervorzuheben, daß er Versuche an Platten von verschiedenem Seitenverhältnis ausgeführt und den großen Einfluß, den das Seitenverhältnis auf die Windkräfte ausübt, nachgewiesen hat. Es sei noch bemerkt, daß Langley in seiner Veröffentlichung auf die gute Übereinstimmung zwischen seinen Werten und den Koeffizienten der Ducheminschen Formel hinweist.

F. v. Lössl untersucht nur ebene Platten und verwendet zu seinen Messungen einen Rundlauf, der durch Gewichte — ähnlich wie der von Lilienthal — angetrieben wird. Der Apparat ist im Zimmer aufgestellt. Der Durchmesser beträgt etwa 3 m; auf beide Arme wird je eine Meßplatte gesetzt, so daß der Mitwind sicherlich sehr beträchtlich ist. Die Meßplatten sind außerdem im Vergleich zum Rundlaufdurchmesser sehr groß (Länge etwa $^1/_{15}$ des Rundlaufdurchmessers). Die Geschwindigkeit des Apparates beträgt bis 8 m pro Sekunde. Es ist sehr wahrscheinlich, daß der Lösslsche Rundlauf keinen Gleichgewichtszustand erreicht, sondern daß er während des Ablaufens der Gewichte beständig beschleunigt wird. Damit ließen sich wenigstens seine hohen Widerstandswerte erklären. Leider gibt Lössl seine Resultate nur auszugsweise wieder, und zwar nur immer als Bestätigung seiner vorgefaßten Theorie. Von Lössl stammt die „Lufthügeltheorie", die die Strömung um die Platte mit einem Lufthügel auf der Vorderseite und mit scharfen Knicken in den Stromlinien darstellt. Es errechnet sich nach dieser Theorie der Widerstandskoeffizient $\zeta = \zeta_{90^\circ} \sin \alpha$ (α = Neigungswinkel). Die Versuche am Rundlauf sollen eine volle Bestätigung dieser Theorie ergeben haben. Der Widerstandskoeffizient der senkrecht getroffenen Platten wurde dabei zu 1,0 (gegen 0,6) ermittelt. Besser ausgeführt wie seine Rundlaufmessungen sind Lössls Versuche mit einem nach oben gezogenen Wagbalken. Ein symmetrischer Hebelarm ist in der Mitte auf Schneiden gelagert. An seinem einen Ende hängt der Körper, dessen Widerstand gemessen werden soll, auf der anderen Seite ein ebenso schwerer Vergleichskörper von bekanntem Luftwiderstand. Das Schneidenlager wird mitsamt dem Wagbalken an einer Schnur nach oben gezogen. Der Wagbalken schlägt dann nach der Seite aus, auf der der Körper mit dem größeren Luftwiderstand hängt. Man wählt nun in geeigneter Weise immer neue Vergleichskörper, bis die Wage beim Nachobenziehen keinen Ausschlag mehr macht, und hat damit den Vergleichskörper gleichen Luftwiderstandes gefunden. Lössl untersucht mit dem beschriebenen Apparat namentlich den Widerstand von wenig geneigten Platten, ferner von Zylindern, Kugeln usw. Als Vergleichskörper wählt er ebene quadratische Platten, deren Widerstandskoeffizient ζ_{90° er zu 1,0 (statt 0,6) bestimmt hat. Es können demnach auch diese Versuche keine richtigen Resultate liefern. In Fig. 1 ist eine Kurve nach der Lösslschen Formel: $\zeta = \zeta_{90^\circ} \sin \alpha = \sin \alpha$ eingetragen. Die Werte sind mit 0,6/1,0 multipliziert, um Übereinstimmung mit den anderen Kurven bei 90° zu ergeben.

Mannesmann hat seine Resultate in seiner Dissertation, Tübingen 1897, veröffentlicht. Er benutzte einen Rundlauf von 1,0 m Durchmesser und erreichte damit Geschwindigkeiten bis 25 m/sec. Der Apparat wird von einem Elektromotor in Gang gesetzt. Er ist zum Unterschied von den früher beschriebenen Apparaten sehr klein und hat nur e i n e n Arm, auf dem die Meßplatte sitzt. Der Apparat steht in einem geschlossenen Raum. Der Mitwind, der sicher bei Mannesmanns Apparat recht beträchtlich ist, wird nicht berücksichtigt. Die Resultate werden wahrscheinlich stark beeinflußt von den Drähten, die in der Nähe der Platte angebracht sind, und die die Strömung stören. Untersucht werden kreisförmige Platten und Kugelhauben bei verschiedenen Neigungswinkeln zur Bewegungsrichtung. Die Platten sind längs einer Führung — senkrecht zu ihrer Fläche — beweglich angebracht, und es wird nur die Kraft senkrecht zur Platte gemessen. Ein Seidenfaden wird beim Zurückweichen der Platte unter dem Einfluß der Windkraft gespannt und überträgt die Kraft auf einen zweiten Seidenfaden, der in der Rotationsachse gespannt ist. Dieser zweite Faden hebt ein Gewicht und bewegt gleichzeitig einen Zeiger, der vor einer Skala spielt und das Ablesen der Kraft gestattet. Für die senkrecht vom Wind getroffene Platte hat Mannesmann das seltsame Resultat gefunden, daß der Koeffizient ζ_{90° stark von der Größe der Fläche abhängt. So erhält er für eine Kreisfläche von 6,6 cm Durchmesser als Koeffizienten $\zeta_{90^\circ} = 0,64$ und für einen Kreis von 20 cm Durchmesser $\zeta_{90^\circ} = 1,18$. Ich habe auch bei meinen Messungen ein Steigen des Koeffizienten mit der Fläche (und mit v^2) gefunden, aber längst nicht in dem von Mannesmann festgestellten Umfang. Die Resultate Mannesmanns weichen auch sonst ziemlich stark von den neueren Messungen ab.

G. Eiffel. Die besten und sorgfältigsten bisherigen Versuche über den Luftwiderstand sind sicherlich von Eiffel ausgeführt worden. Man findet seine Versuche mit Ergebnissen in dem Werk „Rech. Exp. s. l. Rés. de l'Air" zusammengestellt. Eiffel hat am Eiffelturm vom zweituntersten Stockwerk bis zur Erde ein starkes Seil von 115 m Länge gespannt und dasselbe zur Führung eines Fallapparates benützt. Dieser letztere trägt einen vorragenden Arm, an dem die zu untersuchende Platte befestigt wird. Der Winddruck auf die Platte wird von einer Spiralfeder aufgenommen und der Ausschlag der Feder von einem Schreibstift auf eine Papierrolle aufgezeichnet. Der Schreibstift sitzt dabei an der Spitze einer Stimmgabel und notiert ihre Schwingungen mit auf das Papier. Die Drehung der Rolle wird von einem Rädchen, das auf dem Seil läuft, bewirkt und erfolgt proportional der Entfernung vom Ausgangspunkt. Auf der Schreibtrommel erhält man auf diese Weise eine Kurve mit Vibrationen; es bedeuten die Periodenzahl der Schwingungen in geeignetem Maßstab die Zeit, die Abszissen den Weg und die

Ordinaten den Widerstand in der Bewegungsrichtung. Eiffel hat den Widerstand von verschiedenen Körpern untersucht. Wir beschränken uns hier auf die Wiedergabe seiner Resultate an ebenen Platten — gewölbte hat er nicht untersucht. Den Widerstand für die senkrecht vom Wind getroffene Platte hat Eiffel für den Kreis, das Quadrat und das Rechteck festgestellt. In der folgenden Tabelle findet man seine Resultate für den Koeffizienten ζ_{90°:

Flächeninhalt in qcm	Größe des Koeffizienten ζ_{90° bei einem			
	Kreis	Quadrat	Rechteck (Seiten 1:2)	Rechteck (Seiten 1:4)
625	0,546	0,562		0,584
1250	0,570	0,575	0,588	0,597
2500	0,593	0,599	0,602	
5000	0,616	0,620		
10000		0,633		

Es fällt dabei vor allem das Wachsen des Koeffizienten ζ_{90° mit der Fläche auf (bei vierfacher Fläche um 6 bis 8 %). Für die geneigte Fläche haben wir ein ähnliches Resultat erhalten (siehe Tabellen); an senkrecht getroffenen, ähnlichen Platten von verschiedener Größe sind keine Versuche angestellt worden. Bei den geneigten Platten haben wir zum Unterschied von den Eiffelschen Messungen ein etwa ebenso rasches Anwachsen von ζ mit der Geschwindigkeit v wie mit der linearen Abmessung l ermittelt, und das entspricht ja auch der mechanischen Ähnlichkeit[1]. Es liegen meiner Ansicht nach noch zu wenig Versuche vor, um über das Anwachsen von ζ mit der Geschwindigkeit und der Fläche ein einwandfreies Urteil abgeben zu können. Es müssen erst noch genauere Untersuchungen über diesen Gegenstand in weiten Grenzen ausgeführt werden. Die absoluten Werte Eiffels in der Tabelle oben geben wir ohne Kritik wieder. Von allen Messungen sind sie die, die mit den vollkommensten Vorrichtungen erhalten sind, und man muß ihnen deshalb großes Vertrauen schenken.

Für die schräg vom Wind getroffene Platte hat E i f f e l die Formeln aufgestellt:

$$\zeta = \frac{\alpha}{30}\ 0{,}6 \qquad \text{gültig von } 0^\circ \text{ bis } 30^\circ$$

$$\zeta = 0{,}6 = \text{const. gültig von } 30^\circ \text{ bis } 90^\circ \ (\alpha \text{ in Graden einzusetzen}).$$

Die Werte sind an quadratischen Platten von 50 . 50 cm Seitenlänge gewonnen. Zwischen 30° und 50° stimmen sie, wie man aus Fig. 1 sieht, nicht mit unseren Zahlen überein. Dafür läßt sich aber der Grund sofort angeben: Eiffel hat zwischen 30° und 50° keine Messungen ausgeführt und die Kurve in diesem Gebiet nach Gutdünken gezogen. Die einzelnen Zahlenwerte von ihm sind:

α	10°	20°	30°	50°	70°	90°	70° (wiederh.)
ζ	0,185	0,393	0,586	0,579	0,594	0,602	0,619

---

[1] Siehe Seite 83 und 84.

Wir sehen aus Fig. 1, daß diese Werte im einzelnen mit den unserigen sehr gut übereinstimmen.· Es sind dort zum Vergleich unsere Zahlen für die ebene Platte 12 . 12 cm eingetragen. $\zeta_{90°}$ wurde für unsere Platte zu 0,556 bestimmt, eine Zahl, die sich den vorhin mitgeteilten Werten von Eiffel sehr gut anschließt. Um nun unsere Resultate mit den Eiffelschen gut vergleichen zu können, sind in Fig. 1 die unserigen mit 0,6/0,556 multipliziert. Es sei aber darauf hingewiesen, daß diese Korrektur auf die Verschiedenheit der Vergleichsflächen zurückzuführen und nach Eiffels eigenen Messungen anzuwenden ist, wenn die Flächen geringer werden. Die starke Abhängigkeit der Windkraft vom Seitenverhältnis bei geneigten Platten hat Eiffel nicht erkannt und seine Messungen in dieser Richtung nur auf die quadratische Platte beschränkt.

Für meine Messungen sind die Eiffelschen Versuche sehr wertvoll, da sie einen Vergleich von Versuchen im Laboratorium und in der freien Luft zulassen.

Ich komme nun noch zu einigen Versuchen der neuesten Zeit, die ich nur kurz behandeln will. Vor allem sind da die Pendelversuche von **Frank** zu erwähnen, der den Luftwiderstand von verschiedenen Körpern untersucht hat. Seine Arbeiten sind in den letzten Jahrgängen der Zeitschr. d. V. d. I. zu finden. Frank hat unter anderem den Reibungswiderstand von Platten untersucht und ζ_R zu 0,00244 ermittelt. Diese Zahl ist mit $\dfrac{\gamma\, v^2}{g}$ und der Oberfläche (also dem doppelten Flächeninhalt) der Platte zu multiplizieren und liefert dann den Widerstand für unendlich dünne Platten bei einer Bewegung in Plattenrichtung. **Lanchester** hat Versuche über den gleichen Gegenstand mit Gleitfliegermodellen ausgeführt und den Koeffizienten ζ_R zu 0,0075 erhalten. Die Abweichungen zwischen diesen beiden Angaben sind sehr groß; sie lassen sich mit der Kleinheit der in Frage kommenden Kräfte erklären. Sicherlich kommt der Franksche Wert der Wirklichkeit näher als der Lanchestersche. Meine Versuche zur Bestimmung des Reibungswiderstandes liefern $\zeta_R = 0{,}0018$, also noch weniger wie der Franksche Wert.

Eiffel hat in der „Technique Aéronantique", 1910 Heft 6, Resultate veröffentlicht, die er mit einer der Göttinger Anstalt ähnlichen Versuchseinrichtung gewonnen hat. Seine Veröffentlichung beschränkt sich an dieser Stelle auf eine ebene Platte 15 . 80 cm und eine gewölbte Platte von gleicher Größe und einer Wölbung (Pfeil : Sehne) = 1/13,5. Beim Vergleich seiner Resultate mit unserer ebenen Platte 12 . 84 cm und unserer gewölbten Platte 20 . 105 cm (Pfeil = 1,51 cm) finden wir eine Übereinstimmung bis auf 5—8 %.

Bendemann hat gelegentlich an einem dem Berliner Verein für Luftschifffahrt gehörigen Gleitflugapparat (Doppeldecker mit leicht gewölbten Flächen) Versuche über den Auftrieb und Widerstand gemacht. Der Apparat wurde dabei durch ein Seil an den festen Boden gefesselt und schwebte mit Gewichten belastet im natürlichen Wind. Einige Ergebnisse davon sind in der Z. d. V. d. I. 1910, S. 888 u. ff. veröffentlicht. Bendemanns Vorrichtung ist vielleicht sehr geeignet, den Anschluß von Laboratoriumsversuchen an die Praxis zu erreichen.

A. Boltzmann (Sitzungsb. d. Wiener Akad. 1910) hat Versuche an Platten in einem Rohr von 22 m Länge und 0,5 m Durchmesser, durch das ein Ventilator einen Luftstrom von 2,5 m/sec schickt, angestellt und für die senkrecht getroffene

Platte etwas größere Koeffizienten wie Eiffel (Fallversuche) erhalten. Er beobachtet ein Anwachsen des Koeffizienten mit der Fläche in ähnlichem Verhältnis wie Eiffel und wir.

Damit wollen wir die Zusammenstellung der Experimente beenden und uns der Behandlung der Frage von seiten der theoretischen Aerodynamik zuwenden.

III. Die Strömung um die schräg gestellte Platte in der theoretischen Hydrodynamik.

Die Strömungsvorgänge eines Fluidums zu behandeln gehört zu den interessantesten Aufgaben der angewandten Mathematik, und es sind schon Versuche nach den verschiedensten Richtungen angestellt worden, um der Aufgabe gerecht zu werden.

Der Weg, den eine vollständige Theorie einzuschlagen hat, ist leicht vorgezeichnet: man betrachtet ein Flüssigkeitselement, stellt die Kräfte zusammen, die an ihm wirken, und bringt Kräfte und Beschleunigungen nach der dynamischen Grundgleichung in Beziehung. Es muß ferner zum Ausdruck gebracht werden, daß bei der Bewegung der Raum lückenlos ausgefüllt bleibt. Man erhält so die Kontinuitätsgleichung und für die drei Koordinatenrichtungen 3 dynamische Differentialgleichungen, die für vorgeschriebene Randbedingungen zu integrieren sind. Es zeigt sich aber, daß die Integration im allgemeinen nicht möglich ist. Man wird gezwungen, Vereinfachungen an den Differentialgleichungen vorzunehmen. Die Vereinfachungen bedeuten aber, ins Physikalische übersetzt, daß der Flüssigkeit Eigenschaften beigelegt werden, die ihr nicht zukommen; d. h. die Strömung der wirklichen Flüssigkeit wird verglichen mit der Strömung eines theoretischen Fluidums, das zum Teil andere Eigenschaften als die Flüssigkeit hat. Es muß natürlich das Bestreben der Theorie sein, die Ähnlichkeit zwischen Fluidum und wirklicher Flüssigkeit möglichst weitgehend zu machen.

Die Frage liegt nahe: welche Eigenschaften der Flüssigkeit kommen bei der Strömung um ein Hindernis in Betracht? Vor allem ist da die Kontinuität zu nennen. Flüssigkeit verschwindet an keiner Stelle des Raums, oder die innerhalb eines Zeitintervalls in ein Raumteilchen eintretende Flüssigkeit, vermindert um die austretende Flüssigkeit, ist gleich der Vermehrung des Flüssigkeitsgehaltes im Raumteilchen. Die Kontinuität ist für die wirkliche Flüssigkeit natürlich streng erfüllt. Dem theoretischen Fluidum wird diese Forderung durch die Kontinuitätsgleichung auferlegt, der die Lösung genügen muß. Bezeichnet man mit u, v und w die Geschwindigkeiten in den Koordinatenrichtungen x, y, z und mit ρ die Dichte, so lautet die Kontinuitätsgleichung:

$$\frac{\partial(\rho\,u)}{\partial x} + \frac{\partial(\rho\,v)}{\partial y} + \frac{\partial(\rho\,w)}{\partial z} = -\frac{\partial\rho}{\partial t}.$$

Eine weitere Eigenschaft der Flüssigkeit, die hier zu nennen ist, ist die Abhängigkeit der Dichtigkeit vom Druck. Die theoretische Hydrodynamik ist genötigt, diese Abhängigkeit unberücksichtigt zu lassen, sie rechnet also mit einer imkompressiblen Flüssigkeit. Wenn man sich unter der Flüssigkeit Wasser vorstellt, ist die Vernachlässigung fast ohne Bedeutung, da ja die Kompressibilität des Wassers nur sehr gering ist. Aber auch in der Aerodynamik ist bei den für gewöhnlich vorkommenden Geschwindigkeiten die Vernachlässigung von untergeordneter Wichtigkeit, wie wir für unsere speziellen Verhältnisse nachweisen wollen. Die Geschwindigkeiten, die bei uns zur Verwendung kamen, waren unter 9 m/sec, die Geschwindigkeitshöhen $\dfrac{\gamma\,v^2}{2\,g}$ unter 5 mm Wassersäule; eine Vermehrung des Luftdrucks um die Geschwindigkeitshöhe hat also nur eine Volumänderung von weniger als $^1/_2^0/_{00}$ zur Folge. Die Zusammendrückbarkeit der Luft hat demnach in der Tat bei den vorliegenden Versuchen nur verschwindend wenig Einfluß auf die Strömung.

Eine viel folgenschwerere Vernachlässigung, die die Theorie zu machen gezwungen ist, bedeutet die der Reibung. Örtliche Geschwindigkeitsunterschiede haben in einer Strömung, wie man aus Versuchen weiß, Reibung im Gefolge, und zwar nimmt man die Größe der Reibungskraft unabhängig vom Druck und proportional der ersten Potenz der Geschwindigkeit der Winkeländerung an. Das Vorhandensein von Flüssigkeitsreibung bewirkt, daß die kinetische Energie, die einer Flüssigkeitsmenge mitgeteilt worden ist — z. B. dadurch, daß ein Körper durch die Flüssigkeit gedrungen ist — allmählich in Wärme umgesetzt wird. Ohne Reibung kann die Bewegung, die einmal in eine abgeschlossene Flüssigkeitsmenge gekommen ist, nicht mit der Zeit verschwinden, es sei denn, daß äußere Kräfte einwirken. Die s t a t i o n ä r e Strömung eines r e i b u n g s f r e i e n Fluidums um einen Körper hat demnach, wenn man von der Annahme, daß Energie beständig ins Unendliche getragen wird, absieht, zur Folge, daß durch den Körper keine Energie auf die Flüssigkeit übertragen wird, d. h. daß der Körper keinen Widerstand erfährt. Man sieht aus dieser Betrachtung, wie wesentlich die Reibung die Flüssigkeitsströmung beeinflußt. Trotz dieser Erkenntnis ist es nötig, reibungsfreie Flüssigkeit vorauszusetzen, da man sonst die Differentialgleichungen der Bewegung nicht lösen kann.

In unserem speziellen Fall der Strömung um eine Platte machen wir noch eine weitere Vereinfachung: wir nehmen nämlich für die theoretischen Betrachtungen an, daß die Platte unendlich breit sei, und vergleichen damit die aus unseren Versuchen für die unendlich breite Platte extrapolierten Werte.

Nach dem Vorstehenden gehen wir dazu über, die Bewegungsgleichungen für ein Flüssigkeitselement in der Eulerschen Form anzugeben:

$$\frac{\partial u}{\partial t} + u \cdot \frac{\partial u}{\partial x} + v \cdot \frac{\partial u}{\partial y} = -\frac{1}{\rho} \cdot \frac{\partial p}{\partial x}$$

$$\frac{\partial v}{\partial t} + u \cdot \frac{\partial v}{\partial x} + v \cdot \frac{\partial v}{\partial y} = -\frac{1}{\rho} \cdot \frac{\partial p}{\partial y} - g.$$

Dazu die nach den vorausgehenden Vernachlässigungen vereinfachte Kontinuitätsgleichung:

$$\frac{\partial u}{\partial x} + \frac{\partial v}{\partial y} = 0.$$

Die Lösung dieser Gleichungen für die unter beliebigen Winkeln angeströmte ebene Platte findet sich in L a m b s Hydrodynamik. Versteht man unter ψ die Stromfunktion ($\psi =$ konst. Stromlinien), dann ist

$$\psi = c\, u_0 \sin h\, \xi \sin \eta - c\, v_0 \sin h\, \xi \cos \eta$$

dabei ist u_0 die Strömungsgeschwindigkeit in Plattenrichtung und v_0 senkrecht dazu (also v_0/u_0 ist gleich tg α). ξ und η sind elliptische Koordinaten; sie sind mit den rechtwinklichen Koordinaten x und y verbunden durch

$$x = c \cos h\, \xi \cos \eta$$
$$y = c \sin h\, \xi \sin \eta.$$

Die Strömung, die durch die vorstehenden Gleichungen festgelegt ist, ergibt nur ein Drehmoment, aber keine resultierende Kraft auf die Platte. Darin liegt natürlich eine schlechte Übereinstimmung mit der Wirklichkeit, und es ist klar, daß man nach einer Methode gesucht hat, die der Aufgabe besser gerecht wird.

Um eine Kraft auf die Platte zu erhalten, nehmen H e l m h o l t z und K i r c h - h o f f an, daß hinter der Platte die Flüssigkeit ruhe. Die ruhende Flüssigkeit ist auf der einen Seite von der Platte begrenzt und erstreckt sich auf der anderen Seite ins Unendliche. Oben und unten wird sie durch Diskontinuitätsgrenzen von der bewegten Flüssigkeit geschieden, die von den beiden Plattenkanten ausgehen und sich ins Unendliche erstrecken. Innerhalb der ruhenden Flüssigkeit ist der Druck überall von gleicher Größe. Die anströmende Flüssigkeit teilt sich auf der Vorderseite der Platte und strömt nach beiden Seiten zuerst längs der Oberfläche der Platte und dann längs der Diskontinuitätsgrenze hin. Es findet ein plötzlicher Übergang von der ruhenden zur bewegten Flüssigkeit statt. Der Druck dagegen ändert sich über die Diskontinuitätsgrenze hinweg kontinuierlich. Längs der Grenze ist also in der bewegten Flüssigkeit der gleiche Druck wie in der ruhenden vorhanden. Die Druckkraft P auf die Platte errechnet sich abhängig vom Winkel nach Lord R a y l e i g h zu

$$P = \frac{\pi \cdot \sin \alpha}{4 + \pi \cdot \sin \alpha} \cdot \frac{\gamma}{g} \cdot v^2 \cdot F,$$

wobei v Stromgeschwindigkeit und F Plattenfläche bedeuten. In Fig. 9 ist der Koeffizient ζ, der mit $\dfrac{\gamma\, v^2}{g}$ und mit der Fläche multipliziert den Widerstand ergibt, abhängig vom Neigungswinkel eingetragen. Wie man sieht, stimmt diese Kurve mit der für die unendlich breite ebene Platte aus unseren Versuchswerten extrapolierten Kurve schlecht überein. Es ist das nicht zu verwundern, da die wirkliche Strömung hinter der Platte durchaus keine ruhende Flüssigkeit aufweist. Versuche mit Rauchfäden zeigen vielmehr, daß die Flüssigkeit auf der Rückseite in stark wirbelnder Bewegung begriffen ist.

In neuerer Zeit ist die Behandlung der Frage nach der Strömung, um die geneigte Platte durch die Entwicklung der Flugtechnik in ein neues Stadium getreten. Wir haben in den letzten Jahren die mächtige Entwicklung der Flugmaschinen erlebt. Das Prinzip des dynamischen Fluges beruht aber darauf, daß unter geringem Winkel geneigte ebene oder gewölbte Flächen gegen die Luft bewegt und die Auftriebskräfte zum Tragen von Menschen und Material benützt werden. Die Frage nach den Kräften für die w e n i g geneigte Platte bekam daher auf einmal großes praktisches Interesse. Nun ist der Widerstand, den ein Körper bei der Bewegung in einem Fluidum erfährt, gleich dem Integral über die Drücke auf seiner Oberfläche — von der sehr geringen Oberflächenreibung sol dabei abgesehen werden —. Daraus folgt, daß mit der eben erwähnten Vernachlässigung die Resultierende auf der ebenen Platte senkrecht und auf der Sehne der schwachgewölbten Platte nahezu senkrecht stehen muß. Bei kleinen Neigungen der Platte ist demnach der Auftrieb viel größer als der Widerstand (für die ebene Platte ist der Auftrieb $= R \cos \alpha$ und der Widerstand $= R \sin \alpha$). Damit bot sich aber für die T h e o r i e ein neuer Weg. Man verzichtet von vornherein darauf, aus den Formeln einen Widerstand zu erhalten, und begnügt sich damit, den Auftrieb nach Möglichkeit übereinstimmend mit den Versuchsergebnissen zu finden. Eine Kraft senkrecht zur Strömung ist aber im reibungsfreien theoretischen Fluidum möglich, da sie keine Energie in die Strömung bringt, und man erhält sie durch Zusammensetzen von gewöhnlicher Parallelströmung (Geschwindigkeit v) mit der Zirkulationsströmung c. Unter Zirkulationsströmung ist dabei die Potentialströmung in geschlossenen Kurven um einen Punkt, eine Strecke oder eine Fläche verstanden. Die Zirkulationsströmung um einen Punkt (bzw. eine Kreisfläche) verläuft in konzentrischen Kreisen mit einer Geschwindigkeit, die proportional dem Radius r abnimmt. Das Geschwindigkeitspotential Φ und die Stromfunktion Ψ lauten für die Zirkulation um einen Punkt: $\Phi = c \, \varphi$ und $\Psi = \ln r$ (Zylinderkoordinaten r und φ).

Wir wollen für die Zusammensetzung von Parallelströmung v und Zirkulation c um einen Punkt (bzw. im dreidimensionalen Raum eine Gerade) nachweisen, daß eine Kraft senkrecht zur Parallelströmung und proportional $v \cdot c$ resultiert. Es läßt sich dann leicht übersehen, daß eine ähnliche Kraft bei einer Strömung mit Zirkulation um einen Zylinder (Lord R a y l e i g h) oder eine gewölbte Platte (Prof. K u t t a) auftritt. In Fig. 8 ist die Zirkulation um den Punkt P und die Parallelströmung eingezeichnet. Das Zustandekommen der Kraft senkrecht zu v für die zusammengesetzte Strömung macht man sich am besten mit dem Impulssatz klar, der für stationäre Strömungen gilt, und mit dessen Hilfe es möglich ist, Kräfte und Impulsgrößen, die für ein abgeschlossenes Gebiet in Betracht kommen, miteinander in Beziehung zu bringen. Wir grenzen durch zwei Gerade A und B, die senkrecht zur Parallelströmung stehen und von P gleich weit entfernt sind, ein Stück ab und betrachten den Raum zwischen den beiden Geraden als den Körper.

Um den nun folgenden Gedankengang besser verständlich machen zu können, wollen wir ein konkreteres Beispiel vorausschicken: Ein Lastkahn möge im Wasser liegen, ohne mit dem festen Boden in Verbindung zu sein. Vom Land her soll beständig Sand auf den Kahn geschaufelt werden, wobei dem Kahn ein Impuls in horizontaler Richtung mitgeteilt wird. Damit die Masse des Kahnes samt Ladung nicht geändert wird, möge gleichzeitig ein Mann aus dem Kahne dem Gewicht nach so viel Wasser herauspumpen, als Sand zugefügt wird. Wenn ich nun die Beschleunigung, die der Kahn erleidet, berechnen will, habe ich außer den Kräften, die an ihm wirken (Wind- und Wasserdruck usw.), die Impuls-

größen der sekundlich zugefügten bzw. weggeschleuderten Sand- und Wasser-
mengen zu berücksichtigen.

Kehren wir nun wieder zu unserer Aufgabe zurück! Dem Kahn samt
Ladung entspricht der Raum A B samt der eingeschlossenen Flüssigkeit. Die Masse
bleibt konstant, da Zu- und Abfluß gleich sind. Ohne Einfluß ist dabei der Umstand, daß bei uns die gesamte Masse in der in A B enthaltenen Flüssigkeit liegt,
während in dem Beispiel ein Teil der Gesamtmasse dem Kahn selbst zukam und der

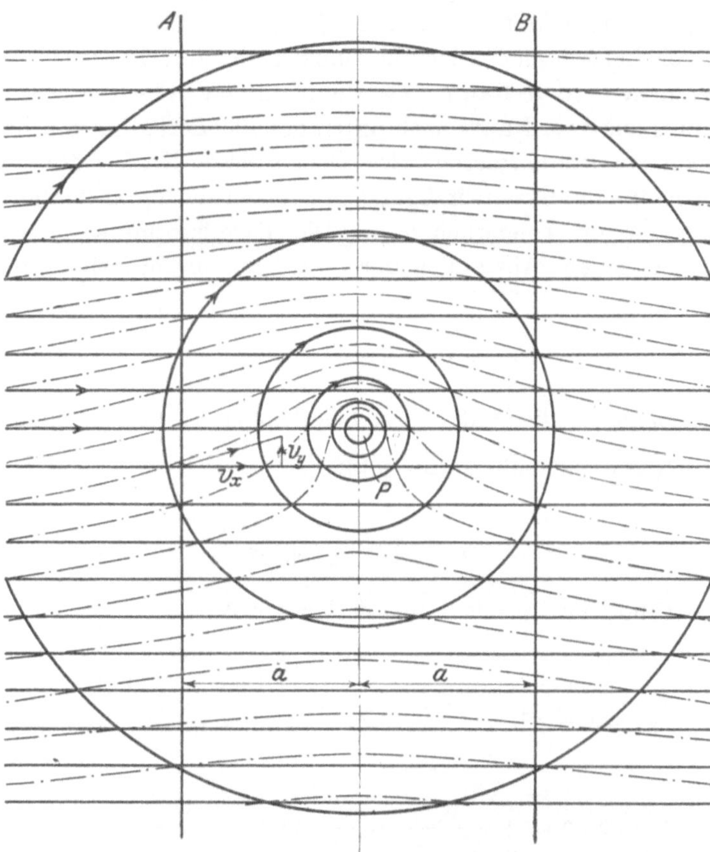

Fig. 8. Die strichpunktierten Linien geben die Stromlinien für die Zusammensetzung von
Zirkulations- und Parallelströmung.

Rest auf den Inhalt traf. Der Raum A B ruht, folglich müssen die Kräfte mit den
Impulsgrößen im Gleichgewicht stehen. In Richtung der Parallelströmung kommen
an Kräften zuerst die Drucke in den beiden Grenzen A und B in Betracht. Da aber
der Abstand der beiden Geraden von P gleich ist, ist an entsprechenden Punkten
die Geschwindigkeit und deshalb auch der Druck gleich groß (die rechte Seite ist
ja das Spiegelbild der linken). Es heben sich demnach die Drucke auf die beiden
Grenzen gegenseitig auf. Weiter sind in dieser Richtung Impulsgrößen zu berücksichtigen. Auf der Anströmseite wird in den Raum beständig Flüssigkeit
hineingeworfen. Der Impuls dieser Flüssigkeit ergibt eine Kraft auf den Raum,

die ihn mit dem Strom zu führen sucht. Es wirkt jedoch auf der Abströmseite eine
ebenso große Kraft in entgegengesetzter Richtung, die dadurch zustande kommt,
daß mit dem gleichen Impuls Teilchen aus dem Raum in Stromrichtung heraus-
geschleudert werden. Es heben sich demnach auch die Impulskräfte in Stromrichtung heraus.

Ich komme nun dazu, die Kräfte senkrecht zur Stromrichtung zu untersuchen.
Druckkräfte in dieser Richtung werden nur auf die beiden unendlich fernen Grenzen,
die parallel zur Stromrichtung im Unendlichen liegen, ausgeübt. Da im Unendlichen die Geschwindigkeit konstant ist, ist der Druck überall gleich und der
Gesamtdruck, der von beiden Grenzen herrührt, Null. Auf der Anströmseite werden
Teilchen nach oben in den Raum geworfen, auf der Abströmseite Teilchen mit
demselben Impuls aus dem Raum nach unten geschleudert; das gibt beides Impulskräfte nach oben, die sich addieren. Die Größe dieser Kräfte läßt sich sofort an-
schreiben. Ich nenne die Geschwindigkeit in x Richtung v_x, in y Richtung v_y und
die Geschwindigkeit im Unendlichen v. Die Parallströmung geht in Richtung
der x-Achse. Bei einem Abstand a der Geraden vom Mittelpunkt ist:

$$v_y = \frac{c}{\sqrt{a^2 + y^2}} \cdot \frac{a}{\sqrt{a^2 + y^2}} = \frac{c\,a}{a^2 + y^2}$$

Die Geschwindigkeit v_x, die, mit $\frac{\gamma}{g} \cdot d\,y$ multipliziert, die pro Einheit der Breite
sekundlich durch $d\,y$ gehende Masse gibt, ist:

$$v_x = v + \frac{c \cdot y}{a^2 + y^2};$$

demnach der sekundliche Impuls J für die Grenze A:

$$J = \frac{\gamma}{g} \int_{-\infty}^{+\infty} \frac{c\,a}{a^2 + y^2} \cdot v \cdot dy + \frac{\gamma}{g} \cdot \int_{-\infty}^{+\infty} \frac{c\,a}{(a^2 + y^2)} \cdot \frac{c\,y}{(a^2 + y^2)} \cdot dy$$

$$= \frac{\gamma}{g} \cdot c \cdot a \cdot v \int_{-\infty}^{+\infty} \frac{dy}{a^2 + y^2} + \frac{\gamma}{2\,g} c^2 a \int_{-\infty}^{+\infty} \frac{d\,(y^2)}{(a^2 + y^2)^2}$$

$$= \frac{\gamma}{g} \cdot c \cdot a \cdot v \cdot \frac{1}{a} \left[\text{arc tg} \frac{y}{a} \right]_{-\infty}^{+\infty} - \frac{\gamma}{2\,g} c^2 a \left[\frac{1}{a^2 + y^2} \right]_{-\infty}^{+\infty} \text{*)}$$

$$= \frac{\gamma}{g} \cdot c \cdot v \left[\frac{\pi}{2} + \frac{\pi}{2} \right] = \frac{\gamma}{g} \cdot c \cdot v \cdot \pi$$

---

*) Das Glied $\left[\dfrac{1}{y^2 + a^2} \right]_{-\infty}^{+\infty}$ gibt bei der Integration den Wert 0, weil $\displaystyle\int \frac{y \cdot dy}{(a^2 + y^2)^2}$ von

$-\infty$ bis 0 und von 0 bis $+\infty$ integriert, gleiche Beiträge mit verschiedenen Vorzeichen
liefert.

also die gesamte Kraft von beiden Seiten herrührend:

$$P = 2\pi \cdot \frac{\gamma}{g} c \cdot v$$

Für den behandelten Fall haben wir also eine Strömung mit einer Kraft senkrecht zur Stromrichtung. Nehmen wir statt des Punktes einen Kreis — im dreidimensionalen Raum einen Zylinder —, so erhalten wir das gleiche Resultat. Es kommt dann zu der Parallelströmung noch ein Glied $\rho^2 \dfrac{y^2 - a^2}{(y^2 + a^2)^2}$ hinzu ($\rho =$ Zylinderradius). Wenn man diesen Ausdruck mit $v_y = \dfrac{c\,a}{a^2 + y^2}$ multipliziert und von $-\infty$ bis $+\infty$ integriert, so erhält man den Beitrag Null zum Impulstransport. Wir haben also auch für die Strömung um den Zylinder mit Zirkulation den Auftrieb $= 2\pi \cdot \dfrac{\gamma}{g} \cdot c \cdot v$.

Von der Strömung um den Zylinder geht die K u t t a sche Theorie aus.

Prof. Kutta ist es gelungen, die eben erwähnte Potentialströmung konform auf eine Ebene abzubilden, so daß dem Kreis ein Kreisbogen, der erst in der einen und dann in der andern Richtung durchlaufen wird, entspricht. Kutta hat ferner gezeigt, daß für die so erhaltene Strömung um die gewölbte Schale der Auftrieb wie beim Zylinder $= 2\pi \cdot \dfrac{\gamma}{g} \cdot c \cdot v$ wird. Dabei ist zu beachten, daß für eine bestimmte Parallel-Geschwindigkeit v die Größe des Auftriebs nach der obigen Formel nicht festgelegt ist, sondern noch von der Wahl der Zirkulation abhängt. Kutta beseitigt diese Unbestimmtheit, indem er c so annimmt, daß an der hinteren Kante die unendliche Geschwindigkeit, hervorgerufen durch die Zirkulation, und die, hervorgerufen durch die Parallelströmung, gleich groß werden. Da sie von entgegengesetzter Richtung gewählt werden, heben sie sich auf, und es findet kein Strömen um die hintere Kante statt. Die Geschwindigkeit der längs der oberen Seite und die der längs der unteren Seite hinströmenden Flüssigkeitsteilchen sind an der hinteren Seite gleich. Damit ist für jeden Neigungswinkel α das Verhältnis von v zu c vorgeschrieben, und es gehört für eine bestimmte Platte zu jedem α nur immer ein Wert von dem vorhin erwähnten Koeffizienten ζ. Steht die Sehne der Platte parallel zur Stromrichtung, so erlischt aus Symmetriegründen auch an der vorderen Kante die unendliche Geschwindigkeit. Ist die Schale geneigt, so daß sie ihre hohle Seite der Strömung zeigt, so ist der Punkt, wo sich die strömende Flüssigkeit teilt, auf der hohlen Seite; um die vordere Kante findet dann ein unendlich rasches Strömen von der konkaven zur konvexen Seite statt.

Mit der Kuttaschen Annahme errechnet sich der Auftriebskoeffizient ζ_A, der mit $\dfrac{\gamma\,v^2}{g} \cdot$ Fläche multipliziert den Auftrieb ergibt, zu:

$$\zeta_A = 2\pi \frac{\sin\dfrac{\beta}{2}}{\sin\beta}\,; \; \sin\left(\frac{\beta}{2} + \alpha\right),$$

                              O. Föppl.

dabei ist unter β der halbe Zentriwinkel des Bogens — kreisbogenförmige Wölbung
wird vorausgesetzt — und unter α der Neigungswinkel der Schale verstanden. Wir
haben nun in Fig. 9 die sich auf die Kuttasche Methode ergebenden und die aus
unseren Versuchen für die unendlich breite Platte extrapolierten Auftriebskoeffizienten abhängig vom Neigungswinkel eingezeichnet. Unsere Versuchswerte ergeben zwischen 6⁰ und 8⁰ einen starken Knick in den Auftriebskurven, dem eine

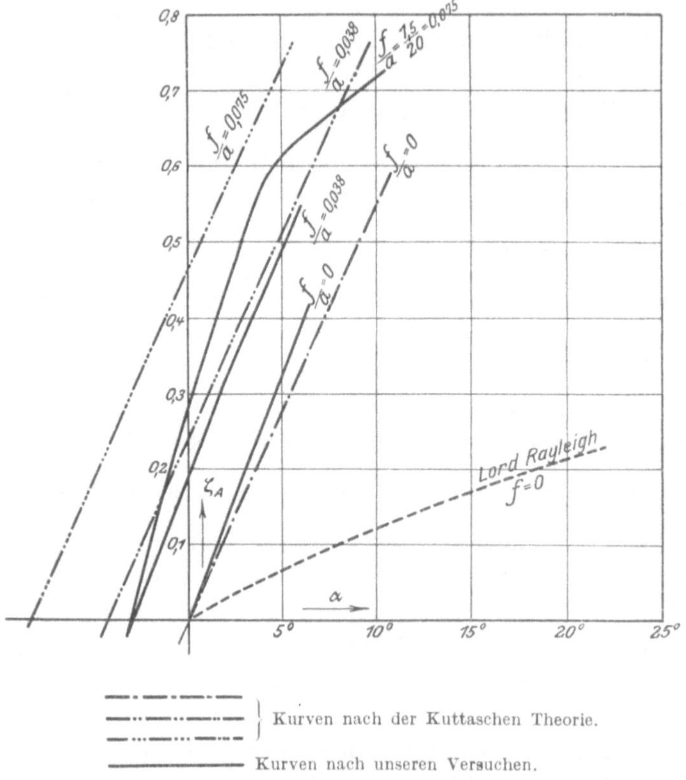

Fig. 9. Vergleich der theoretisch und praktisch gewonnenen Ergebnisse.

Änderung im Strömungsvorgang entspricht. Nur bis hierher lassen sich theoretische
und praktische Resultate vergleichen, da die theoretische Strömung an dieser
Stelle keine Änderung in ihrem Gesetz bringt. Aber auch in dem Gebiet bis
6⁰ oder 8⁰ weichen die theoretischen und die praktischen Kurven $\zeta = f(\alpha)$
ziemlich stark von einander ab.[1]) Die Theorie liefert für stärker gewölbte Platten
größere Auftriebskoeffizienten wie die Praxis.

Der naheliegendste Grund, den man für die Abweichungen der theoretischen
von den praktischen Werten angeben kann, ist offenbar der folgende: Die Theorie
ergibt, wie vorhin gesagt wurde, ein Strömen um die Vorderkante von unendlicher
Geschwindigkeit. In der Wirklichkeit ist das nicht möglich, und es ist leicht einzu-

---

[1]) Die Kuttasche Theorie liefert trotzdem noch weitaus die beste Übereinstimmung
mit der Praxis.

sehen, daß die dadurch notwendigerweise anders gestaltete Strömung an der Vorderkante auf das ganze Strombild Einfluß hat. Damit wird aber eine Änderung des Verhältnisses Zirkulation : Geschwindigkeit im Unendlichen herbeigeführt, dem wiederum ein anderer Auftrieb entspricht.

Die Komplikation durch die unendliche Geschwindigkeit kommt, wie wir vorhin sahen, in Wegfall, wenn die Sehne parallel zur Stromrichtung steht. Die Kuttasche Strömung liefert für diesen Fall ein Anströmen gegen die vordere und ein Abströmen von der hinteren Kante in Richtung der beiden Tangenten: Es bleiben die Geschwindigkeiten überall endlich. Wir haben hier eine einwandfreie Potentialströmung. Vergleichen wir aber die theoretischen Werte mit den Versuchsresultaten, so finden wir auch bei $\alpha = 0^0$ beträchtliche Abweichungen, und wir sehen damit, daß die unendliche Geschwindigkeit nicht der einzige Grund für die mangelnde Übereinstimmung von Theorie und Praxis sein kann. Wir werden darauf hingewiesen, daß die Annahme von reibungslosem Fluidum ein quantitativ anderes Strombild mit bedeutend größerem Auftrieb liefert wie die tatsächliche Flüssigkeit. Eine theoretische Lösung mit Kraftergebnissen, die der Wirklichkeit vollständig entsprechen, läßt sich nur so denken, daß die Flüssigkeitsreibung in irgendeiner Weise mit berücksichtigt sein muß.

Der erste Ansatz nach dieser Richtung hin ist von Prof. P r a n d t l gemacht worden, der in seiner „Grenzschichtentheorie" die Vorgänge in einer Flüssigkeit mit sehr kleiner Reibung in der Nähe des umströmten Körpers untersucht[1]). Es ist sehr nützlich, einmal an Hand der Grenzschichtentheorie die Kuttasche Strömung zu untersuchen. Wir wollen dabei wieder die Annahme $\alpha = 0^0$ voraussetzen.

Der Gedankengang, der der Grenzschichtentheorie zugrunde liegt, ist der folgende: Die innere Reibung der Flüssigkeit ist klein — so klein, daß die Potentialströmung der anströmenden Flüssigkeit nicht merklich beeinflußt wird. An der Wand haftet aber die Flüssigkeit. Der Übergang von der ruhenden Flüssigkeit am Körper zu der Potentialströmung findet dann in einer dünnen Grenzschicht statt. Für die Grenzschicht werden die hydrodynamischen Gleichungen mit Berücksichtigung der Reibung aufgestellt und daran Vernachlässigungen, die sich aus der Annahme von sehr kleiner Reibung (bzw. sehr dünner Grenzschicht, was dasselbe bedeutet) ergeben, vorgenommen. Dabei stellt sich heraus, daß der Druck durch die Grenzschicht ungeändert bleibt, daß also der Druck an der Wand von der Potentialströmung eingeprägt wird. Findet nun ein örtlicher Druckanstieg in der Potentialströmung und damit auch in der Grenzschicht statt, so büßen die Flüssigkeitsteilchen, die im Gebiet der Potentialströmung fließen, von ihrer Geschwindigkeit ein, diejenigen in der Grenzschicht aber, die schon geringere Geschwindigkeit hatten, werden bis zur Ruhe verzögert und, wenn der Druckanstieg groß genug ist, zur Umkehr veranlaßt. Damit ist aber die Ablösung der Strömung von der Wand eingeleitet.

Bei der Kuttaschen Strömung um die gewölbte Schale mit zur Stromrichtung paralleler Sehne ist der Druck an beiden Kanten gleich. Auf der Oberseite

---

[1]) Verhandl. d. Intern. Math. Kongr. 1904.

nimmt er nach der Mitte hin ab, auf der Unterseite zu. Wir haben also oben den Ablösungsbeginn zwischen Mitte und Hinterkante und unten zwischen Vorderkante und Mitte zu erwarten. Hinter der Ablösungsstelle setzt sich ein Wirbel an, und die Strömung wird verändert. Diese Veränderung muß sich auf das ganze Strömungsgebiet, also auch auf die Strömung vor der Platte erstrecken. Man wird zu dieser Annahme gezwungen, wenn man berücksichtigt, daß die Kutta schen Koeffizienten für $\alpha = 0^0$ und einem Verhältnis Pfeil : Sehne von über 1 : 12 mehr als doppelt so groß sind als unsere Versuchswerte. Durch die Gerade A in Fig. 8 findet aber schon ein Impulstransport statt, der die Hälfte des Kuttaschen Auftriebs zur Folge hat. Und das bedingt eine größere Kraft, als die Versuche ergeben. Es kann deshalb auch das Anströmen der Flüssigkeit bei Platten von stärkerer Wölbung quantitativ nicht nach den theoretischen Ergebnissen erfolgen.

Wir sehen, daß sich in keinem Fall eine einigermaßen vollkommene Übereinstimmung von Theorie und Praxis erreichen läßt. Man darf das auch gar nicht erwarten. Die Strömung der reibungslosen Flüssigkeit um Kugel, Zylinder und ebene Platte — im letzteren Fall auch mit Diskontinuitätsflächen — sind schon längst bekannt; sie liefern keinen Anhalt für die Größe der tatsächlich auftretenden Kräfte. Im Vergleich zu diesen Theorien kommen die Zahlenwerte der Kuttaschen Strömung um die gewölbten Platten — namentlich für geringe Wölbung — der Wirklichkeit recht nahe. Der Hauptwert der theoretischen Strombilder ist sicherlich der, daß sie qualitativ richtige Schlüsse auf die tatsächliche Strömung zulassen. Quantitativ richtige Resultate wird uns die Theorie kaum in der nächsten Zeit liefern können; denn einerseits ist die Vernachlässigung der Reibung von zu großem Einfluß auf die Resultate, andererseits bietet die Berücksichtigung der Reibung bis jetzt noch zu viele Schwierigkeiten. Der Theorie muß deshalb die Aufklärung über das Zustandekommen des Strombildes, dem Versuch die Ermittlung der Kräfte vorbehalten sein.

IV. Die Platte im Versuchskanal.

Eine Beschreibung der Modellversuchsanstalt, in der die vorliegenden Versuche ausgeführt worden sind, ist wohl an dieser Stelle nicht nötig. Ich verweise auf die Beschreibung, die der Erbauer der Anstalt, Herr Prof. P r a n d t l, in der Z. d. V. d. I. 1909, Seite 1711, gegeben hat. Nur so viel will ich erwähnen daß es gelungen ist, in einem Kanal von 2×2 m Querschnitt einen gleichmäßigen Luftstrom von einer Geschwindigkeit bis zu 10 m/sec zu erzeugen. Wie Versuche mit Rauchfäden[1] gezeigt haben, strömt die Luft durch den Kanal gleichmäßig und fast ohne Wirbelbildung dahin. Die zu untersuchende Platte wird in den Kanal gehängt. Die Kräfte, die an ihr angreifen, werden an Wagen abgelesen.

---

[1] In der Weise vorgenommen, daß der Luft beim Eintritt in den eigentlichen Versuchskanal an irgend einer Stelle Salmiaknebel zugeführt werden. Es zeigt sich dann, daß sich der Rauch nicht zerstreut, sondern sich als ein zusammenhängender Streifen durch den Kanal zieht.

1. Die Aufhängung im Kanal.

Eine schematische Darstellung von der Aufhängung der Platte ist in Fig. 10 wiedergegeben. Die Platte ist mit den 6 je 0,15 mm starken Drähten 2, 2, 2, 2, 3, 3 verbunden. Die Drähte gehen nicht direkt zur Decke, sie hängen vielmehr an den Hebelarmen $h_2 h_3 \ldots$ der um $l_2 l_3 \ldots$ drehbaren Wellen w_2 und w_3. Die beiden Wellen tragen an ihren äußeren Enden zwei weitere Hebelarme a_2 und a_3, und von diesen führen Stangen s zu den Wagen II und III. Die Wagen selbst bestehen aus je einem Waghebel, der auf Schneiden drehbar gelagert ist. Durch Verschieben der Gewichte g wird der Zug in den Stangen s ausgeglichen, so daß ein kleiner Zeiger vor einer Skala auf 0 einspielt. Diese Einstellung wird vorgenommen, während

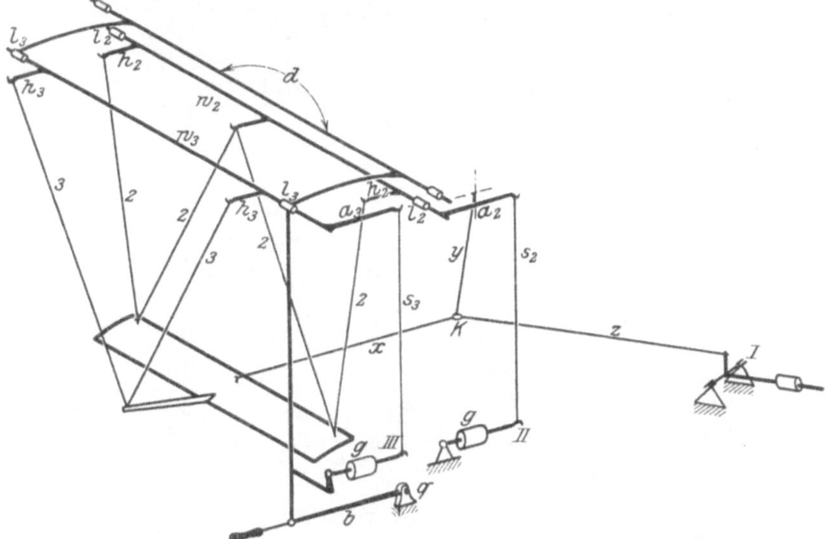

Fig. 10. Perspektivische Ansicht der aufgehängten Platte.

die Luft ruht. Wird nun der Wind angestellt, so erfährt die Platte einen Auftrieb, von dem der eine Teil durch die Drähte 2, 2 ... auf die Welle w_2 und durch die Stange s auf die Wage II übertragen wird. Es muß nun g so lange verschoben werden, bis die Wage II einen neuen Gleichgewichtszustand eingenommen hat, und der Zeiger wieder auf 0 einspielt. Der Wagbalken ist mit einer Teilung versehen, auf der die Verschiebung von g, die zum Herstellen des neuen Gleichgewichtszustandes nötig war, abgelesen wird. Da das Gewicht von g und die Hebellängen bekannt sind, läßt sich aus der Verschiebung die Größe der hinzukommenden Kraft angeben. Die Genauigkeit, mit der die Wägung geschieht, läßt sich leicht durch Anhängen von Gewichten an die Platte statisch nachkontrollieren. Die gleiche Messung wird mit der Wage III ausgeführt. Man erhält dann den Auftrieb in zwei Komponenten, die in bekannter Weise zu einer Resultierenden zusammengesetzt werden.

Durch die Aufhängung an den 6 Drähten sind der Platte 5 Freiheitsgrade genommen — die 4 in einer Ebene liegenden Drähte 2, 2 .... haben nur Einfluß auf 3 Freiheitsgrade —. Die Bewegung in Windrichtung, also senkrecht zu den

Drähten, ist noch möglich. Sie wird aufgehoben durch den Draht x, der in Richtung der Kanalachse zu dem Knotenpunkt K führt. Von K aus ist Draht y zur hinteren Kanalwand gezogen, während Draht z durch ein Loch in der vorderen Kanalwand in den Beobachtungsraum geführt ist. Die Drähte x, y, z liegen in einer Ebene. Da sie in K unter 120° zusammenkommen, sind die Zugkräfte in ihnen von gleicher Größe. Draht z greift an den einen Arm eines Winkelhebels (Wage I) an; der andere Arm trägt ein verschiebbares Meßgewicht; der Hebel selbst ist auf Schneiden gelagert, so daß er kleine Ausschläge unter möglichst geringer Reibung ausführen kann. Ein Zeiger spielt wieder wie bei den Wagen II und III vor einer Skåla und zeigt dann auf 0, wenn das vom Drahtzug herrührende Drehmoment

Fig. 11. Photographische Wiedergabe der Wage I (für horizontale Kräfte).

durch Verschieben des Meßgewichtes ausgeglichen ist. Der Zug in dem Draht wird beim Blasen des Windes um den Widerstand der Platte samt Aufhängung größer. Um die Wage wieder zum Einspielen auf 0 zu bringen, ist es nötig, das Meßgewicht entsprechend zu verschieben. Die Länge der Verschiebung wird abgelesen. Da die Hebellänge und die Schwere des Meßgewichtes bekannt sind, gibt die Verschiebung ein Maß für die Größe des Luftwiderstandes. Aus den Ablesungen der Wagen I, II, III wird die resultierende Luftkraft zusammengesetzt.

Es ist noch nötig, auf die Schwenkvorrichtung aufmerksam zu machen, die dazu dient, die Platte vom Meßraum aus unter beliebigem Winkel zum Wind zu neigen. Zu dem Zweck ist die Wage III und die beiden Lager l_3 der Welle w_3 und damit der hintere Aufhängepunkt der Platte an einer Parallelführung befestigt, die ein Heben und Senken der hinteren Meßvorrichtung ermöglicht. Der Hebel b wird um einen bestimmten Winkel, der auf einer Gradteilung abzulesen ist, um den Punkt q gedreht. Um den gleichen Betrag heben bzw. senken sich, wie man aus der Fig. 10 ersieht, die Lager l_3 mit Welle w_3 samt Hebel h_3 und Drähten 3. Die Platte wird auf diese Weise um den gleichen Winkel (siehe Seite 81 oben) wie Hebel b geneigt, und die Messung kann für den neuen Neigungswinkel beginnen.

In Fig. 11 und 12 sind die photographischen Aufnahmen der 3 Wagen wiedergegeben. Über der Wage II in Fig. 12 sieht man eine weitere Wage die zur Bestimmung von Drehmomenten um die Längsachse des Versuchskörpers dient.

Fig. 12. Photographische Wiedergabe der Wagen II u. III (für vertikale Kräfte).

Bei den vorliegenden Messungen fand sie keine Benutzung. Wie man aus den photographischen Wiedergaben sieht, fehlt es den Wagen nicht an Astasierungsgewichten, Arretiervorrichtungen, Ölbremsen usw. Ferner ist außer dem Meßgewicht ein besonderes Laufgewicht vorhanden, mit dem man die Wage, bevor der Wind bläst, zum Einspielen bringt. Die Idee dieser Wagenanordnung stammt von Prof. P r a n d t l, die konstruktive Durchführung von Dipl.-Ing. G. F u h r - m a n n. Die ganze Einrichtung hat sich sehr gut bewährt.

2. Die Geschwindigkeitsmessung.

Sehr wichtig für die Verwertung der Versuche ist es, die Windgeschwindigkeit so genau wie möglich zu bestimmen. In der Göttinger Anstalt wird die Messung der Geschwindigkeit von einem Pitot-Rohr, das an ein Mikromanometer angeschlossen ist, und das hinter der Platte in einer zur Windrichtung senkrechten Ebene vom Beobachtungsraum aus beliebig bewegt werden kann, besorgt. Ein Pitot-Rohr hat bekanntlich eine dem Wind entgegenstehende Öffnung, die statischen plus dynamischen Druck anzeigt, während der statische Druck allein an seitlichen Anbohrungen gemessen wird. Ein Schlauch steht mit der Öffnung vorn und einer mit den seitlichen Anbohrungen in Verbindung. Die beiden Schläuche führen zu den beiden Seiten eines Mikromanometers, das die Druckdifferenz anzeigt. Wenn durch den einen Schlauch nur der statische Druck und durch den andern nur der statische plus dynamische Druck übertragen würde, so wäre die Druckdifferenz, die das Mikromanometer anzeigt, gleich dem dynamischen Druck $\frac{\gamma\, v^2}{2\,g}$. Das ist aber nicht der Fall; es zeigt sich vielmehr, daß besonders die Übertragung des statischen Druckes nicht einwandfrei geschieht. Es ist deshalb nötig, das Pitot-Rohr vor dem Gebrauch zu eichen, was auf dem Rundlaufapparat im Institut für angewandte Mechanik geschehen ist. Es wurde dabei für unser Instrument die Konstante zu 0,977 ermittelt. Wir müssen also die am Manometer abgelesene Druckdifferenz noch durch 0,977 dividieren und erhalten dann die wahre Geschwindigkeitshöhe $\frac{\gamma\, v^2}{2\,g}$. Es sei noch bemerkt, daß natürlich auch das Mikromanometer (Krell-Fueßsche Bauart) vorher geeicht werden muß. Die Eichung geschieht so, daß in die Dose mittels Pipette eine bekannte Menge Flüssigkeit — im vorliegenden Fall Alkohol — geschüttet wird. Der Durchmesser der Dose beträgt 10 cm. Durch Division des Flüssigkeitsvolumens V durch den Querschnitt erhält man die Höhe der zugeführten Flüssigkeitsschicht. Multipliziere ich diese Höhe mit dem spez. Gewicht des Alkohols, so erhalte ich die Größe des spez. Druckes, mit dem die neue Schicht auf die alte Flüssigkeit wirkt. Der Ausschlag, den ich an der geneigten Glasröhre ablese, wird der gleiche sein, wenn anstatt der zugefügten Flüssigkeit der berechnete Druck in der Dose vorhanden ist. Ich habe damit die Beziehung zwischen Druck und Ausschlag in der Meßröhre gefunden, und es steht nichts mehr im Weg, mit Hilfe der beschriebenen Einrichtungen die Geschwindigkeit an jeder Stelle des Kanals zu messen. Da eine geringe Variation der Geschwindigkeit über den Querschnitt des Kanals vorhanden ist, empfiehlt es sich, an verschiedenen Stellen eine Geschwindigkeitsaufnahme zu machen und den Mittelwert aus den Ablesungen gelten zu lassen. Herr Dipl.-Ing. F u h r m a n n hat auf Vorschlag von Prof. P r a n d t l ein hierzu besonders geeignetes Instrument konstruiert, mit dem es möglich ist, die Geschwindigkeitsverteilung längs einer senkrechten oder wagrechten Geraden durch eine Kurve aufzunehmen. Führt man solche Aufnahmen längs zweier Vertikalen im Kanal aus, so wird der Mittelwert der Geschwindigkeit aus diesen Messungen schätzungsweise auf 1 % $\left(\dfrac{\gamma\, v^2}{g} \text{ also auf } 2\,\% \right)$ genau dem wahren Mittelwerte entsprechen.

3. Herstellung der Platten.

Die Platten, die wir bei den Versuchen benützten, wurden auf zwei Arten hergestellt. Bei der ersten Art wurde ein Gestell aus etwa 2,5 mm starkem Bandeisen von der gewünschten Form angefertigt. Dünnes Zinkblech, das sich der Form leicht anpaßt, wurde auf das Gestell gelegt und an den Seiten festgelöstet. Um die halbkreisförmigen Abrundungen der vorderen und hinteren Kante zu erhalten, wurden 2 Messingröhrchen vom gewünschten Abrundungsradius in das Gestell eingelegt. Auf die beschriebene Weise sind alle Platten von über 3 mm Stärke hergestellt. Weniger starke Platten sind aus massivem Blech angefertigt. Das Blech wurde zugeschnitten und, soweit gewölbte Platten erhalten werden sollten, in der Blechbiegemaschine gebogen. Die Wölbung wurde dann von Hand nach einer Schablone möglichst genau auf das vorgeschriebene Maß gebracht. Der in den Tabellen angegebene Wölbungspfeil bezieht sich auf die größte Erhebung der Unterfläche der Platte über die Kante eines Lineals, das auf der vorderen und hinteren Plattenkante aufliegt. Der Pfeil ist an mehreren Stellen gemessen und der Mittelwert genommen worden. Bei massiven Platten wurden die vordere und hintere Plattenkante mit der Feile von Hand abgerundet. Die beiden seitlichen Kanten

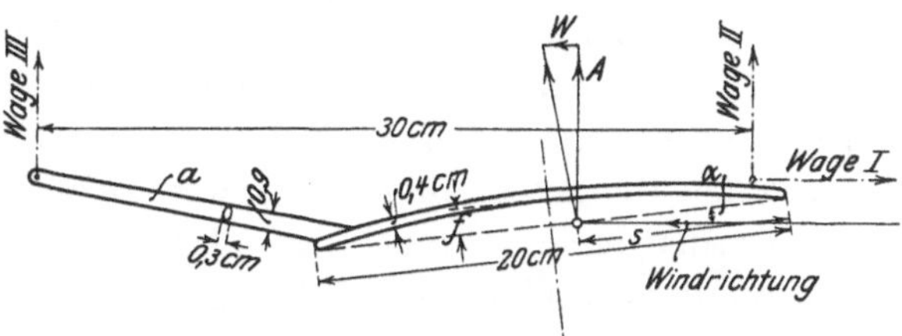

Fig. 13. Seitliche Ansicht einer 20 cm tiefen Platte.

waren bei allen verwendeten Platten eben. Ein Teil der Platten bekam einen Arm angelötet, an dem die Drähte 3, 3 der Wage III angriffen. Der Abstand der Wagen II und III beträgt nämlich, wie wir vorhin erwähnten, 30 cm; es war deshalb der Arm bei allen Platten von weniger als 30 cm Tiefe nötig. Wir haben uns bemüht, den Widerstand des Armes durch zweckmäßige Formgebung möglichst niedrig zu halten. Weil der Widerstand desselben einerseits für die verschiedenen Plattenstellungen verschieden groß ausfällt und anderseits durchweg weniger als 0,1 g beträgt, wurde er beim Resultat nicht berücksichtigt.

Einen Querschnitt durch die Platte findet man in Fig. 13. Ein Aufriß ist nicht nötig, da wir nur rechteckige Platten von gleichbleibendem Querschnitt untersucht haben.

4. Ausführung der Versuche.

Im vorausgehenden ist ein Umstand noch nicht besprochen, der bei der Auswertung der Versuche eine Rolle spielt; wenn ich nämlich die Drähte 2, 2 .... 3, 3 nach der Decke in zwei vertikalen Ebenen aufhänge, so wird von diesen 6 Drähten allein das Gewicht der Platte aufgenommen. Solange der Wind noch nicht bläst, wirkt demnach in den Drähten x, y, z keine Kraft. Die Drähte können dann aber nicht die straffe Form, mit der sie in Fig. 10 eingezeichnet sind, annehmen, sie werden vielmehr schlapp durchhängen. Ein Durchhängen der Drähte bedingt ein Zurückweichen der Platte im Wind, das sicher zu Fehlerquellen Anlaß gibt. Es ließe sich namentlich das Einstellen der Wage I schlecht bewerkstelligen. Um diesem Übelstande abzuhelfen, müssen die drei Drähte auch ohne Wind unter Zug stehen. Dazu wird der Draht x um etwa 2 cm kürzer gemacht, als er sein müßte, wenn die Drähte 2, 2 .... 3, 3 in zwei senkrechten Ebenen nach unten hängen sollten. Die Neigung γ der beiden Ebenen, in denen die Drähte liegen, gegen die Lotrechte beträgt dann etwa 1°. Die Schrägstellung hat zur Folge, daß von den 6 Drähten nicht die reinen Auftriebskomponenten auf die Hebelarme übertragen werden. Für den Ausschlag der Wagen II und III kommt allerdings nur die zum Hebelarm h senkrechte Auftriebskomponente in Betracht. Von den Schneidenlagern wird aber ein Teil der Widerstandskomponenten —nämlich Auftrieb · sin γ — aufgenommen. Wir müssen deshalb vor Beginn des Versuches die Strecke s, um die die Platte vorgezogen wird, genau bestimmen und erhalten sin γ = (s : senkrechte Drahtlänge). Bei der Auswertung der Versuche ist Auftrieb · sin γ als Korrektion zum Resultat der Wage I zu addieren.

An der Ablesung der Wage I ist eine weitere Berichtigung anzubringen, deren Größe durch Eichung bestimmt wird. Die Einstellung der drei Winkel von 120°, unter denen die Drähte x, y, z zusammenkommen sollen, ist nicht vollkommen. Die Platte wird außerdem unter dem Einfluß der Windkraft die Drähte straffer anziehen und damit um den Bruchteil eines Millimeters nach hinten ausschlagen. Diese beiden Faktoren werden einen kleinen Einfluß auf die Ablesung der Wage I haben. Es erweist sich deshalb vorteilhaft, vor jeder Messung die Wage I in folgender Weise zu eichen.

An dem Arm der Platte wird ein Draht befestigt und in Richtung der Kanalachse nach hinten gezogen. Er wird durch eine Rolle um 90° abgelenkt und trägt an seinem Ende eine Wagschale. Legen wir Gewichte auf die Schale, so wird der Zug des Drahtes in derselben Weise wie ein gleich großer Winddruck auf die Platte wirken. Ich messe, welchen Zug die Wage I anzeigt, und sehe damit, wie die Übertragung der bekannten Zugkraft auf Wage I vor sich geht. Die so ermittelte Korrektion beträgt etwa 2 bis 3 %. Sie ist in der Tabelle in der Ablesung der Wage I inbegriffen. Die Korrektion, die dem Umstand Rechnung trägt, daß die Platte ein Stück vorgezogen ist, findet man in einer eigenen Spalte unter K in den Tabellen wieder[1]). Den Widerstand der Platte erhält man als Summe der Ablesung der Wage I und K vermindert um den Widerstand der Drähte, der in einem eigenen Abschnitt behandelt werden soll.

Es bleibt uns jetzt noch einiges über die Bestimmung des Neigungswinkels der Platte im Kanal zu sagen. Ich erwähnte schon vorher, daß es möglich ist, die Platte von außen durch Drehung des Hebels um Punkt q zu neigen und die Größe der Drehung abzulesen. Um den gleichen Winkel wird die Welle w_3 mitsamt ihren Schneidenlagern ausschlagen. Wenn nun die Ebene durch die drei Haken der Platte, an denen die 6 Vertikaldrähte (2, 2, 2, 2, 3, 3) angreifen, parallel ist zu der Ebene, die man durch die Angriffspunkte der Drähte 3, 3 an den Hebeln h_3, h_3 und durch die Drehachse d legen kann (siehe Fig. 10), wird der Ausschlag des Hebels dem Ausschlag der Platte gleich sein. Um die Messung für größere Neigungswinkel durchzuführen, als es der Ausschlag des Hebels zuläßt, ist es oft nötig, auf diese

---

[1]) Für den Druck sind die Tabellen gekürzt worden; nur die beiden Tabellen auf Seite 110 sind in ihrer ursprünglichen Form wiedergegeben.

Parallelführung zu verzichten, so daß die Platte schon für die Nullage des Hebels eine Neigung gegen die (horizontale) Windrichtung besitzt. Es stimmen dann nicht mehr die Drehung des Hebels und die Neigung der Platte überein, und es muß für jede Neigung die Höhe der hinteren und der vorderen Kante über dem Fußboden gemessen werden. Die Differenz dieser Größen geteilt durch die Tiefe der Platte (bzw. den Abstand der Aufhängungspunkte) gibt den Sinus des Neigungswinkels. Man erhält auf diese Weise für jede Stellung des Hebels den entsprechenden Neigungswinkel α. Um die kleinen Fehler, die bei der Ablesung vorkommen können, auszugleichen, trägt man die aus $\sin \alpha$ ermittelten Neigungswinkel der Platte abhängig von den Winkeln, um die der Hebel gedreht wurde, auf und verbessert die Werte an Hand der vermittelnden Kurve. Man erhält so schließlich die Bestimmung des Neigungswinkels mit kleineren Fehlern als $\pm 0{,}2^0$.

V. Der Drahtwiderstand.

Bei den vorliegenden Messungen an Platten haben die 6 Aufhängedrähte und die 3 Drähte x, y, z, die die Kraftübertragung auf die Wage I besorgen, selbst einen beträchtlichen Widerstand, der von der Wage I mitgemessen wird. Die Größe des Drahtwiderstandes für den einzelnen Fall zu ermitteln, soll Gegenstand der folgenden Ausführung sein. Da der Widerstand von Drähten im Wind auch bei Untersuchungen auf anderen Gebieten praktisches Interesse hat, ist die Bestimmung seiner

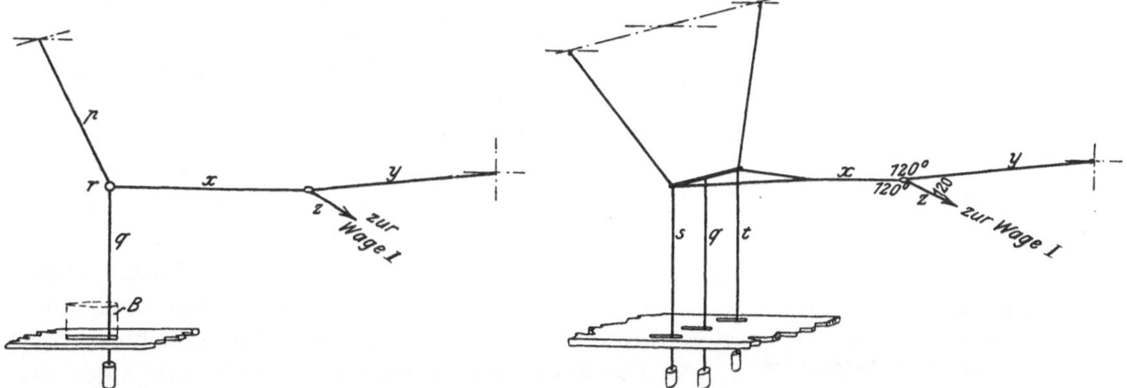

Fig. 14. Drahtmessung; Aufhängung I.   Fig. 15. Drahtmessung; Aufhängung II.

Größe hier allgemeiner durchgeführt, als es die vorliegende Aufgabe verlangen würde. Die Messungen[1]) erstrecken sich auf 15 Drähte von 0,05 bis 30 mm Durchmesser.

Die 3 Drähte x, y, z, die den Widerstand der Platte auf Wage I übertragen, werden auch bei den Versuchen zur Messung des Drahtwiderstandes verwendet. An Stelle der Platte schließt sich an den Draht x ein kleiner Ring r an (Fig. 14). Von r führt ein Draht p zur Decke, während der nach unten führende Draht q als eigentlicher Meßdraht in Betracht kommt. Der Draht q ist mittels eines Schlitzes im Fußboden, durch den er frei hängt, in den Keller geführt und trägt an seinem Ende ein Gewicht, das ihn straff zieht. Um den Einfluß der Strömung in der Nähe des

---

[1]) Bei etwa 15° C vorgenommen.

Bodens, die durch die Reibung am Boden langsamer und wirbelnd vor sich geht, nicht mit in die Messungen hineinzubekommen, ist die Blechhülse B über den Schlitz gesetzt. B besteht aus einer Grundplatte mit einem zylindrischen Aufsatz von fischförmigem Querschnitt und schützt in der in Fig. 14 dargestellten Weise (gestrichelt eingezeichnet) den Meßdraht 20 cm vom Fußboden weg vor der ungleichmäßigen Strömung am Boden. Da der Ring r etwa 115 cm über dem Fußboden hängt, stehen noch knapp 95 cm für den Meßdraht zur Verfügung. Nachdem Wage I auch für diesen Versuch in der vorhin geschilderten Weise geeicht worden ist, kann zur Messung geschritten werden. Der Widerstand der Drahtführung mitsamt dem Meßdraht wird an Wage I abgelesen. Dann wird der Meßdraht durch einen stärkeren ersetzt und die Messung wiederholt. Trägt man die so erhaltenen Widerstandswerte W der Drahtverbindung abhängig vom Durchmesser d des jeweiligen Meßdrahts auf, so erhält man die Kurve in Fig. 16, die sich leicht bis d = 0 verlängern läßt. Der Wert d = 0 gibt die Größe des Widerstandes der Drähte x, y, z und p. Die Extrapolation ist jedoch nicht ganz einwandfrei. Schon die Ablesungen bei kleinen Durchmessern des Meßdrahtes deuten darauf hin, daß der Widerstandskoeffizient mit abnehmendem Drahtdurchmesser wächst. Die Kurve W = f (d) ist demnach keine Gerade und die Extrapolation auf Durchmesser Null einigermaßen willkürlich. Auf Vorschlag von Herrn Prof. Prandtl habe ich deshalb eine Kontrollmessung namentlich für Drähte von geringem Durchmesser angestellt, die es ermöglicht, den Widerstand eines dünnen Drahtes direkt ohne Zuhilfenahme einer Extrapolation zu ermitteln. Es wurde dazu die in Fig. 15 skizzierte Aufhängung gewählt. Wenn

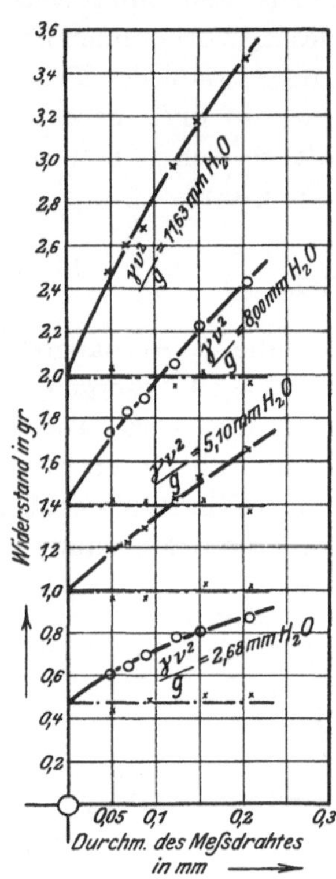

Fig. 16. Bestimmung des Widerstandes der Aufhängung I durch Extrapolation auf Durchmesser Null des Meßdrahtes.

man dort den Meßdraht q entfernt, sorgen immer noch die beiden Gewichte an den Drähten s und t dafür, daß die Aufhängedrähte straff gespannt bleiben. Bei dieser Aufhängung kann also zum Unterschied von der früheren der Widerstand der Aufhängung allein ermittelt werden. Den Widerstand von q findet man als Differenz zwischen dem Widerstandsergebnis mit und ohne Meßdraht. Als ein Nachteil der Aufhängung 2 muß erwähnt werden, daß die 3 Gewichte beim Blasen des Windes leicht ins Pendeln geraten und dadurch die Ablesung der Wage erschweren. Es wurden deshalb mit der Aufhängung (Fig. 15) nur dünne Drähte untersucht und die Resultate zur Bestimmung des Widerstandes der ersten Aufhängung benützt.

In Tabelle 1 (Seite 92) und Fig. 17 und 18 sind unsere Versuchsergebnisse mit der zuerst besprochenen Aufhängung mitgeteilt. In Spalte 1 findet man den mittleren Drahtdurchmesser, Spalte 2 zeigt die wirksame Länge des Drahtes. Zur Befestigung am Ring mußte der Draht etwa 1 cm lang um den Ring geschlungen werden. Dieser Zentimeter ist bei den Werten der Spalte 2 einbegriffen. In Spalte 3 sind die doppelten Geschwindigkeitshöhen — also $\dfrac{\gamma\,v^2}{g}$ — angegeben. Für die 19 und 30 mm starken Zylinder konnte bei den zwei höchsten Geschwindigkeiten keine Ablesung mehr gemacht werden, weil das System dabei zu sehr ins Schaukeln geriet. Spalte 4 gibt die Ablesung der Wage I in Gramm an. In den mitgeteilten Resultaten ist das Ergebnis der Eichung schon berücksichtigt. Der Widerstand des Meßdrahtes findet sich in Spalte 5 und der Widerstand dividiert durch $\dfrac{\gamma\,v^2}{g} \times$ Fläche — also Koeffizient ψ — in Spalte 6.

In Spalte 7 ist noch das Produkt Windgeschwindigkeit $\times$ Drahtdurchmesser — v d — ausgerechnet, über dessen Bedeutung nachher berichtet wird.

In Tabelle 2 finden sich die Versuchsergebnisse, die ich mit der zweiten Aufhängung — 3 Drähte nach unten mit 3 Gewichten — erhalten habe. Die Spalten 1, 2, 3, 4 und 6 haben dabei die gleiche Bedeutung wie in Tabelle 1. Der Widerstand des Meßdrahtes (Spalte 5) wird gefunden, wenn man von den Werten in Spalte 4 die Resultate aus der Rubrik „ohne Draht" abzieht.

In Tabelle 3 ist der Widerstand der ersten Aufhängung nach der besprochenen Methode ermittelt. Die in den Spalten 1—6 eingetragenen Zahlen sind aus den Tabellen 1 und 2 entnommen. Der Mittelwert der Aufhängung 1 (Spalte 9) findet bei Aufstellung der Spalte 5, Tabelle 1, Verwendung.

Vor allem sieht man, daß der Koeffizient durchaus keine konstante Größe besitzt, die Widerstandszunahme also weder proportional mit v^2 noch mit F erfolgt. Es ergibt sich daraus, daß die Strömungsbilder für die verschiedenen Drähte und Geschwindigkeiten keine ähnliche Gestalt annehmen, wie das bei der Strömung der reibungslosen Flüssigkeit der Fall ist. Der Grund hierfür läßt sich mit Hilfe der Lehren der mechanischen Ähnlichkeit rasch einsehen. Wir denken uns eine zweidimensionale Strömung in einer reibenden Flüssigkeit, wie sie sich tatsächlich um einen Zylinder vollzieht. (Strömung 1.) Es werde dann ein Element e_1 herausgegriffen und die an ihm angreifenden Kräfte untersucht. Wir konstruieren darauf eine der ersten Strömung vollkommen ähnliche Strömung 2 und nennen das Verhältnis der Längen $l_2/l_1 = \lambda$, das der Zeiten $t_2/t_1 = \tau$, der Geschwindigkeiten $v_2/v_1 = \upsilon$ und das der Kräfte $= \pi$. Den Zeitmaßstab τ lassen wir vorläufig offen und beachten weiter, daß der Druckanteil, der von der Trägheit der Flüssigkeit herrührt, mit der Geschwindigkeitshöhe $\dfrac{\gamma\,v^2}{2\,g}$ wächst, also an jeder Stelle von $2\,\upsilon^2$ mal so groß ist wie an der entsprechenden Stelle 1. Die Druckkräfte sind demnach proportional mit der Druckfläche und dem Quadrat der Geschwindigkeit, also mit $\lambda\,\upsilon^2$. (Die verglichenen Flächen mögen senkrecht zur Strömungsebene gleiche Abmessungen haben, daher Proportionalität mit λ, nicht mit λ^2.) Wir beachten nun, daß die zwei Komponenten der an e angreifenden Kraft, nämlich die Druckkomponente und die Reibungskraft, in Strömung 2 die gleiche Richtung haben wie bei 1. Damit die Resultierenden 1 und 2 gleich-gerichtet sind, muß das Verhältnis der Größen der Komponenten 1 und 2 in beiden Fällen das gleiche sein. Die Flüssigkeitsreibung hängt ab von den Geschwin-digkeitsgradienten $\dfrac{dv}{ds}$; außerdem wächst die Reibungskraft mit der Länge der reibenden Fläche, also im ganzen mit $\left(\dfrac{v}{\lambda}\right) . \lambda = v$. Die Bedingung dafür, daß die Druckkomponente und die Reibungskomponente in gleichem Verhältnis wachsen, lautet also: $\lambda v^2 = v$. Die Gleichung wird befriedigt durch $\lambda . v = 1$. Nur wenn diese Bedingung erfüllt ist, haben wir gleiche Strömungsbilder zu er-warten, nur dann wird der Widerstand proportional der Fläche und dem Quadrat der Geschwindigkeit wachsen und der Koeffizient ψ konstant sein. Es liegt nach dieser Betrachtung, die von R e y n o d s stammt, nahe, ψ abhängig von $(v . d)$ aufzutragen. Wir erhalten die Kurve Fig. 17 und 18. Man sieht zunächst, daß der Widerstandskoeffizient, der mit v und mit d veränderlich ist, sich gut als einparametrige Funktion der Größe $(v . d)$ darstellen läßt. Insbesondere zeigt sich, daß von $v . d = 0{,}015$ m²/sec an der Koeffizient konstant genannt werden darf. Bei kleineren Werten des Produktes nimmt der Koeffizient zu; es macht sich bei den kleinen Werten von v . d in der Abhängigkeit des Koeffizienten ψ von v . d das S t o k e s sche Gesetz geltend, das für zähe Flüssigkeiten ohne Trägheit aufgestellt ist, und das den Widerstand proportional mit v und unabhängig von d wachsen läßt.

Für die Praxis, in der keine zu kleinen Durchmesser und Geschwindigkeiten vorkommen, habe ich folgende Formeln angegeben[1]):

$$\psi = 0{,}45 \qquad\qquad\qquad \text{für } v . d > 0{,}015 \text{ m}^2/\text{sec}$$

$$\psi = 0{,}66 - 14 . [v . d]_{\text{m}^2/\text{sec}} \qquad \text{für } v . d < 0{,}015 \text{ (aber} > 0{,}001) \text{ m}^2/\text{sec}$$

Wenn man über das erwähnte Gebiet mit den geringen Werten des Produktes v . d hinaus ist, macht sich ein geringes Steigen von ψ mit v . d bemerkbar, ähn-lich wie wir es bei Platten festgestellt haben.

Zur Bestimmung des Drahtwiderstandes bei unsern Messungen an Platten genügt es noch nicht, den Widerstand des freihängenden Drahtes zu kennen. Die Drähte, die die Platte halten, sind mit dem andern Ende an den Waghebeln be-festigt. Wir haben den Fall eines belasteten Seiles, das zwischen zwei Punkten gespannt ist, und das auf seiner Länge eine kontinuierlich verteilte Last trägt. Beide Punkte tragen einen Teil der Gesamtlast. Für uns ist es nur wichtig zu erfahren, wieviel vom Gesamtwiderstand des Drahtes von der Befestigungsstelle an der Platte aufgenommen wird. Wenn die Windgeschwindigkeit längs des ganzen Drahtes gleichmäßig wäre, käme auf jeden der beiden Knotenpunkte der halbe Widerstand. In dem Kanal der Anstalt ist aber in der Nähe der Decke eine Ge-schwindigkeitsverminderung zu verspüren. Um zu sehen, inwieweit diese Tat-sache die Verteilung des Drahtwiderstandes beeinflußt, habe ich Messungen angestellt an einer Drahtführung ähnlich der Fig. 14. Der Ring r wurde bei der neuen Aufhängung weggelassen und dafür die Drähte p und q in einem durch-gezogen. Es führte also jetzt e i n Draht erst schräg bis zur Mitte des Kanals

---

[1]) Z. f. Motorluftschiffahrt 1910, Heft 20.

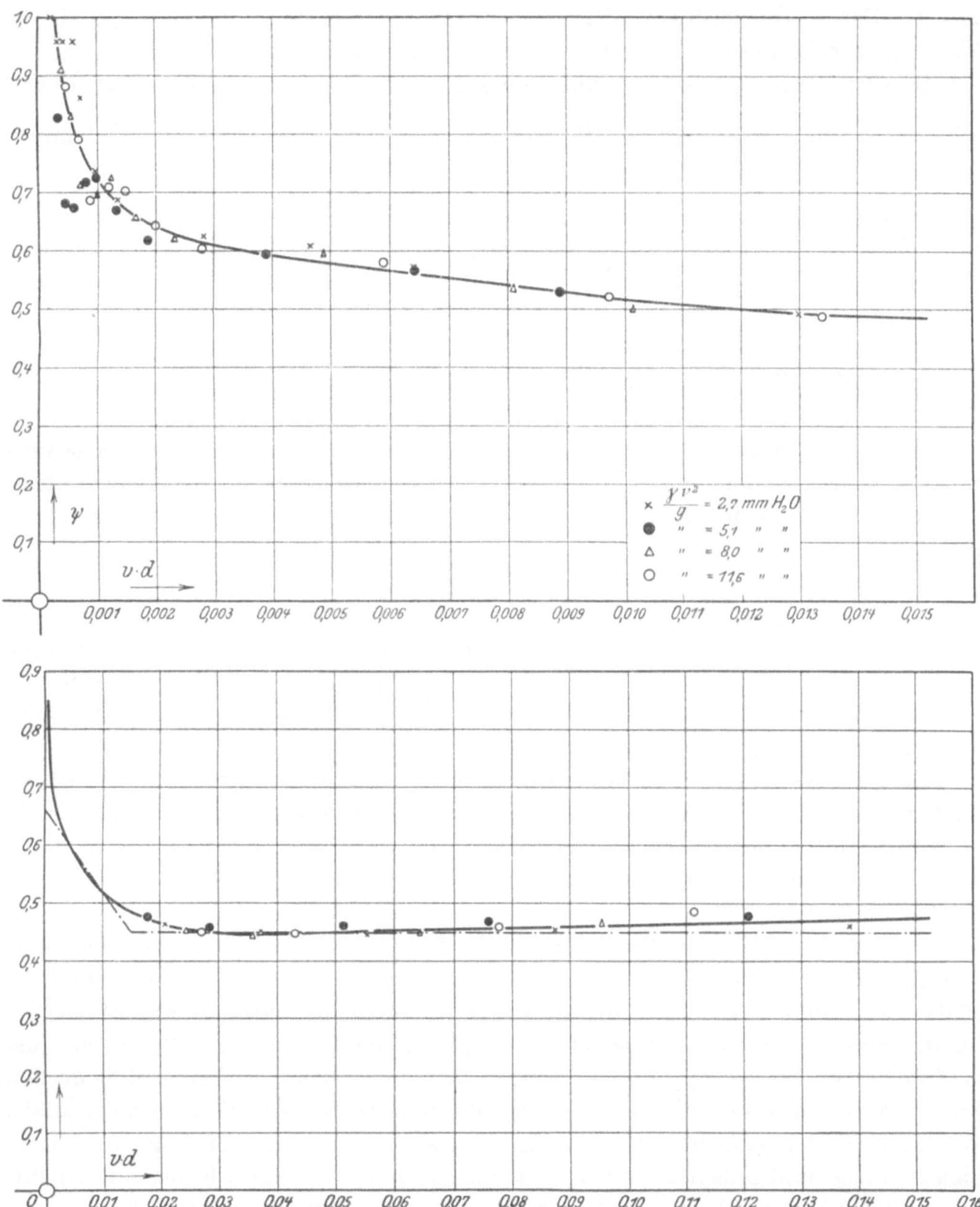

Fig. 17 u. 18. Widerstandskoeffizient ψ für Drähte abhängig von Produkt aus Geschwindigkeit und Drahtdurchmesser.

und von da senkrecht in den Keller; in dieser Weise wurden wieder verschiedene Drahtstärken durchgemessen. Die Extrapolation auf Durchmesser Null lieferte diesmal den Widerstand der 3 Drähte x, y, z. Der Widerstand des freihängenden Stückes Meßdraht wurde mit den vorhin gewonnenen Werten von ψ berechnet, so daß auch der von der Wage aufgenommene Widerstand des schrägen Stückes —

von der Decke bis zur Kanalmitte — gefunden werden konnte. Als Ergebnis der Messung kam heraus, daß wir den von der Wage aufgenommenen Teil des Widerstandes eines Drahtes, der mit seinem einen Ende an der Decke befestigt ist, richtig erhalten, wenn wir die Drahtfläche (l . d) mit $\psi \cdot \dfrac{\gamma\, v^2}{g}$ und mit 0,47 multiplizieren, wobei ψ den eben gemachten Angaben zu entnehmen ist. Der Widerstand der gesamten Aufhängung für eine Platte errechnet sich bei der gewöhnlich benützten Geschwindigkeit von 6,5 m/sec hiernach zu 2,0—3,5 g.

VI. Bemerkungen zu den Versuchsresultaten.

Über die Genauigkeit, mit der die folgenden Messungen durchgeführt wurden, läßt sich das Folgende angeben: Bei der Ablesung an den Wagen bleibt der Fehler wahrscheinlich immer unter 1 %. Die mittlere Geschwindigkeitshöhe $\dfrac{\gamma\, v^2}{g}$ läßt sich mit der beschriebenen Meßvorrichtung im allgemeinen sicher bis auf 2 % genau angeben. Die möglichen Abweichungen von den angegebenen Neigungswinkeln sind höchstens $\pm\, 0{,}2^0$. Mit größeren Fehlern muß man dagegen rechnen bei den 35 cm tiefen Platten wegen des hier bereits fühlbaren Einflusses der Kanalwände. Die damit erzielten Resultate wurden deshalb nur in der Kurvendarstellung Fig. 39 wiedergegeben.

Eine andere Frage ist es, inwieweit sich die Kräfte, die wir für unsere Platte im Versuchskanal erhalten, vergleichen lassen mit den Kräften, die an einer gleichgroßen Platte bei der Bewegung in der freien Luft auftreten. Es wäre ja möglich, daß die Strömung in einem Kanal mehr oder weniger Wirbel enthält als der natürliche Wind, und daß deshalb die auftretenden Kräfte bei uns zu groß oder zu klein ausfielen. Diese Bedenken werden beseitigt durch die Tatsache, daß bei Neigungswinkeln bis zu 30^0 die Angaben von D i n e s und E i f f e l für die quadratische Platte sehr gut mit unseren Zahlen übereinstimmen, und daß sich unser Wert ζ_{90^0} für die senkrecht vom Wind getroffene quadratische Platte von 12×12 cm den E i f f e l schen Werten ζ_{90^0} sehr gut anschließt. Nur bei den verhältnismäßig großen Platten scheinen unsere Messungen beeinflußt zu sein von den Wänden des Kanals. Wir sind deshalb von der anfänglich gewählten Tiefe für die Platten von 35 cm abgekommen und haben 20 und zuletzt nur noch 12 cm tiefe Platten untersucht. Aber auch dann scheint sich bei Neigungswinkeln von über 25^0 oder 30^0 der Einfluß der beschränkten Kanaldimensionen störend bemerkbar zu machen, wenn die Platten sehr breit — über 80 oder 90 cm — werden. Es handelt sich nur um ein paar Messungen, die über diesen Grenzen ausgeführt wurden. Bei weniger großen Platten oder Neigungswinkeln ist der Einfluß der Kanalwände sicher nur unbedeutend.

Um unsere Resultate mit den Angaben der R a y l e i g h schen und der K u t t a schen Theorie, die für die unendlich breite Platte gelten, vergleichen zu können, wurden durch Extrapolation die ζ_A-Werte für die unendlich breite

Platte bestimmt. Zu dem Zweck wird ζ_A abhängig von $\lambda \left(\lambda = \dfrac{\text{Plattentiefe}}{\text{Breite}}\right)$ aufgetragen und die so gewonnene Kurve bis $\lambda = 0$ verlängert. Ich habe dabei eine theoretische Untersuchung von Prof. P r a n d t l berücksichtigt, die sich mit der Frage beschäftigt, inwieweit die Wirbel, die sich zu beiden Seiten der Platte anschließen, den Auftrieb beeinflussen. Prandtl hat gefunden, daß die Funktion $\zeta_A = f(\lambda)$ an der Stelle $\lambda = 0$ einen unendlichen Differentialquotienten hat — wobei der Wert ζ_A natürlich für $\lambda = 0$ endlich bleibt. Die Ergebnisse dieser Theorie lieferten einen wertvollen Anhaltspunkt dafür, wie die Extrapolation durchzuführen ist. Herr Professor Prandtl war so freundlich, mir die folgende Formel, die er nach theoretischen Betrachtungen erhalten hat, zur Verfügung zu stellen:

$$\zeta_{\lambda=0} = \zeta - \frac{\zeta}{2\pi} \cdot \frac{\partial \zeta_0}{\partial \alpha} \cdot \lambda \cdot \ln \lambda + \zeta' \lambda.$$

Dabei bedeutet ζ den A u f t r i e b s koeffizienten, α den Neigungswinkel und ζ' eine noch zu bestimmende Größe. Wenn man die Gleichung für 2 Versuchspunkte auswertet, kann man ζ' und ζ_0 berechnen. Die Formel ist zur Konstruktion der Figuren 28, 32 und 37, die zur Bestimmung der ζ_A-Werte für die unendlich breite Platte dienten, benützt worden.

Für die Auftriebs- und Widerstandskoeffizienten von Platten habe ich nach dem mitgeteilten Zahlenmaterial F o r m e l n aufgestellt. Ich habe mich dabei auf das Gebiet von — 3^0 bis $+ 8^0$ oder 9^0 beschränkt. Innerhalb dieser Grenzen ist die Abhängigkeit der Koeffizienten ζ_A und ζ_W vom Neigungswinkel α besonders einfach: ζ_A wächst etwa proportional α, und ζ_W setzt sich aus einem konstanten und einem mit α^2 proportionalen Glied zusammen. Die Werte für die ebene und für die gewölbte Platte sind nicht in einer Formel vereinigt worden, weil sich sonst ein zu schwerfälliger Ausdruck ergeben hätte. Die im folgenden mitgeteilten Formeln eignen sich nur für die gewöhnlich vorkommenden Seitenverhältnisse (a : b = λ) von $\lambda = 1 : 1{,}5$ bis etwa $1 : 15$. Wird das Verhältnis noch kleiner, nähern wir uns also der unendlich breiten Platte, so lassen sich meine Formeln nicht mehr verwenden. Prandtl hat, wie wir eben erwähnten, nachgewiesen, daß die Kurve, die die Funktion $\zeta_A = f(\lambda)$ darstellt, bei $\lambda = 0$ eine senkrechte Tangente hat. Bei der Aufstellung der Formel ist diese Eigenschaft der Funktion nicht berücksichtigt.

Bei der ebenen Platte tritt die plötzliche Änderung im Strömungsbild bei etwa 8^0 ein. Bis dahin ist:

$$\zeta_A = \frac{\alpha}{16 + 54\,\lambda}$$

und

$$\zeta_W = 0{,}004 + 0{,}3\,\frac{d}{a} + \sin \alpha \cdot \zeta_A.$$

d bedeutet dabei die Stärke der Platte und a die Tiefe in Stromrichtung. Der Neigungswinkel α ist in Graden zu messen. Die Konstante $0{,}004$ rührt von der Oberflächenreibung her. Zur Abschätzung derselben lagen nur wenige Versuche vor, und es mag wohl sein, daß sich der Einfluß der Oberflächenreibung, wenn einmal mehr Versuchsresultate vorliegen, in anderer Weise besser berücksichtigen läßt.

Bei den gewölbten Platten kommt als eine weitere Variable das Verhältnis Wölbungs-Pfeil/Sehne $= \gamma$ hinzu. Die Formeln werden dadurch natürlich umständlicher. Sie gelten nur von $— 3^0$ (an dieser Stelle verschwindet der Auftrieb) bis $+ 8^0$ oder 9^0 und beziehen sich auf Flächen, bei denen γ zwischen 0,015 und 0,1 liegt. An Platten mit sehr geringer Wölbung (γ unter 0,015) sind keine Versuche angestellt worden. Man kann sich aber nach den vorhandenen Resultaten schon ein ungefähres Bild für den Verlauf der Kurven in diesem Gebiet machen. Die Darstellungen auf Fig. 9 weisen darauf hin, daß die Bedingungen für das Zustandekommen der K u t t a schen Strömung allem Anschein nach bei wenig gewölbten Platten gut erfüllt sind. Nach dieser Theorie hat man sich aber den Übergang von der ebenen zur wenig gewölbten Platte ($\gamma =$ etwa 0,015) so vorzustellen, daß die Kurven $\zeta_A = f(\alpha)$ parallele Gerade sind, die den Wert $\zeta_A = 0$ zwischen $\alpha = 0^0$ — ebene Platte — und $\alpha = — 2,5$ bis $3,0^0$ — gewölbte Platte mit $\gamma = 0,015$ — erreichen. Die Wölbung ist kreisbogenförmig vorausgesetzt. Im übrigen gelten die Bemerkungen, die wir bei den ebenen Platten gemacht haben. Es wird:

$$\zeta_A = (\alpha + 3^0)\left(0,32\,\gamma + \frac{1}{18 + 95\,\lambda}\right)$$

$$\zeta_W = 0,3\,\frac{d}{a} + 0,4\,\gamma + \frac{0,01}{100\,\gamma + 1} — 0,006 + 0,0005\,\alpha^2.$$

α ist wieder in Graden zu messen. Die Formel für ζ_A liefert für eine bestimmte Platte ein lineares Anwachsen des Auftriebskoeffizienten mit dem Neigungswinkel α. Es sind also die kleinen Krümmungen, die die Kurven in diesem Gebiet bis 8^0 Neigung aufweisen (siehe Figuren), nicht berücksichtigt. Bei ζ_W ist das von α^2 abhängige Glied unabhängig von γ und λ angegeben. Wenn das auch nicht vollkommen mit den Tatsachen übereinstimmt, so zeigt doch ein Blick auf die beiliegenden Kurvenblätter, daß der damit begangene Fehler nicht sehr groß ist. Die Abweichung der angegebenen Formeln von unseren Meßwerten ist bei den ζ_A-Werten unter 8 % und bei den ζ_W-Werten unter 12 %. Sinkt γ unter 0,015 oder steigt es über 0,1 so lassen sich die mitgeteilten Formeln nur mit geringerer Genauigkeit benützen.

Das auffallendste Ergebnis in den mitgeteilten Messungen ist offenbar die Zweideutigkeit der Auftriebs- und Widerstandskoeffizienten bei Platten vom ungefähren Seitenverhältnis 1 : 1 in einem Gebiet von 38^0—42^0. Wir haben diese Erscheinung sowohl bei der ebenen wie bei der gewölbten quadratischen Platte beobachtet. Von den beiden Strömungen liefert die eine große Auftriebs- und Widerstandskoeffizienten, die sich den Werten für kleine Neigungswinkel kontinuierlich anschließen. Die zweite mögliche Strömung hat dagegen um 60 bis 80 % niedrigere Koeffizienten zur Folge, die sich den Werten für größere Neigungswinkel anschließen. Hat sich einmal in dem fraglichen Gebiet eine der beiden Strömungsformen ausgebildet, so bleibt sie bestehen, solange nicht ein grober Stoß eine Störung veranlaßt. Wir haben es also mit zwei stabilen Strömungen zu tun. Stelle ich die Platte z. B. auf 38^0 ein und setze den Ventilator in Gang, so werde ich an den Wagen die großen Werte ablesen. Ich kann nun von außen die Platte vorsichtig auf 39°, 40° und 41° neigen und messe immer noch mit den Wagen die großen Kräfte. Wenn ich behutsam genug vorgehe, erreiche ich auf diese Art auch 42°.

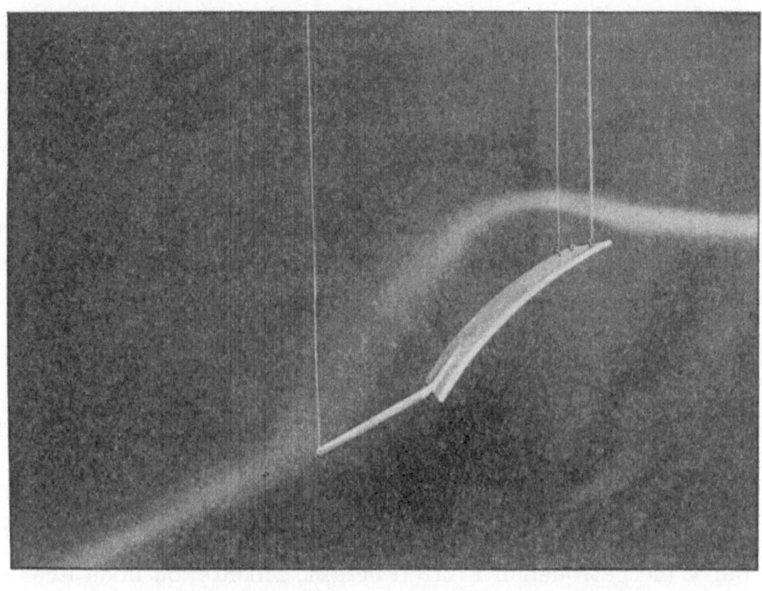

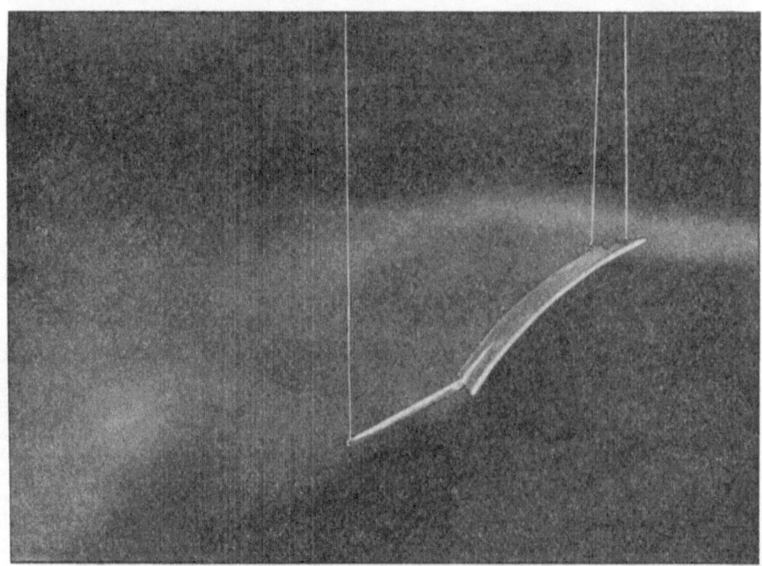

Fig. 19 und 20. Die Strömung um die quadratische Platte bei 40° Neigung (Fig. 19 entspricht den großen Kräften, Fig. 20 den kleinen Kräften).

Es genügt jetzt schon ein ganz geringer Anlaß, um die Strömung plötzlich umzuwandeln. Ist das geschehen, so lese ich auf einmal an den Wagen die kleinen Werte ab. Ich kann nun in ähnlicher Weise, wie ich bis 42° heraufging, die Neigung wieder verringern, ohne die neue Strömung zu stören. Wenn ich bei abgestelltem Wind die Neigung der Platte auf etwa 40^0 festlege und nun den Ventilator anstelle, so werde ich, ganz vom Zufall abhängend, die hohen oder die niedrigen Koeffizienten erhalten. Die Strömung aber, die sich einmal eingestellt hat, besitzt dann eine ziemlich große Beständigkeit. Ich habe die beiden Strömungen durch Zuleiten von Salmiakrauch sichtbar gemacht und photographiert (Fig. 19 und 20). Die erste Strömung bewirkt die großen Koeffizienten. Der Wirbel setzt sich auf der Oberseite erst spät — schon nahe der hinteren Kante — an. Vorher strömt die Flüssigkeit längs der Platte hin. Zum Unterschied davon ist bei der Strömung 2 das ganze Gebiet hinter der Platte in wirbelnder Bewegung begriffen. Es fällt dadurch der Impuls der nach unten geschleuderten Flüssigkeit hinter der Platte großenteils fort, und daraus erklärt sich die Verminderung des Auftriebes (und damit Hand in Hand gehend des Widerstandes).

VII. Der Widerstand der senkrecht vom Wind getroffenen Platte.[1]

Im Anschluß an diese Arbeit, die sich in erster Linie mit den Kräften an s c h r ä g vom Wind getroffenen Platten befaßt, möchte ich noch über eine Untersuchung an s e n k r e c h t vom Wind getroffenen ebenen Platten berichten. Wenn man an der Annahme festhält, daß das Anwachsen des Widerstandes bei ähnlichen Platten proportional der Fläche und proportional dem Quadrat der Geschwindigkeit erfolgt, so kommt hier als einzige Variable, von der die Größe des Koeffizienten $\zeta_{90^0} = \Psi$ [2]) abhängt, die Gestaltung des Umrisses — bei rechteckigen Platten das Seitenverhältnis — in Betracht.

10. und 11. Februar 1911.

Breite	Länge	$\dfrac{\gamma \cdot v^2}{g}$	Widerst. der Platte in Gramm	Ψ	$\dfrac{\gamma \cdot v^2}{g}$	Widerst. der Platte in Gramm	Ψ	Ψ im Mittel
* der Platte in cm								
7,02	7,01	4,95	13,5	0,554	10,65	29,1	0,556	0,555
6,99	10,52	,,	20,2	0,556	,,	44,1	0,565	0,560
7,02	14,0	,,	27,8	0,572	,,	60,4	0,578	0,575
7,02	21,0	,,	43,4	0,595	,,	94,6	0,604	0,600
7,05	28,05	,,	60,5	0,619	,,	131,5	0,625	0,622
7,02	35,0	,,	76,3	0,627	,,	166,3	0,636	0,632
7,01	41,95	,,	93,2	0,640	,,	201,9	0,643	0,642
7,03	56,0	,,	128,5	0,660	,,	276,9	0,661	0,660
7,02	70,05	,,	163,6	0,670	—	—	—	0,670

Unsere Versuche erstreckten sich auf 9 Stück 7 cm breite, rechteckige Platten, deren größte Länge 70 cm und deren geringste Länge 7 cm betrug. Die Platten

---

[1]) Dies Kapitel ist erst nachträglich in die Arbeit aufgenommen worden.

[2]) Die Bezeichnung der Koeffizienten entspricht in dieser Arbeit den Vorschlägen von Prof. P r a n d t l (Zeitschr. f. Motorluftschiffahrt 1910, Heft 13).

waren aus 1,7 mm starkem Zinkblech gefertigt. Alle Messungen wurden bei zwei verschiedenen Geschwindigkeiten $\left(\dfrac{\gamma\,v^2}{g}\right) = 4{,}95$ und $10{,}65$ mm H_2O — ausgeführt. Die dabei gewonnenen Ergebnisse sind in der nachfolgenden Tabelle zusammengestellt. Bei den Angaben der 4. und 7. Spalte ist der Widerstand der Aufhängungsdrähte schon abgezogen.

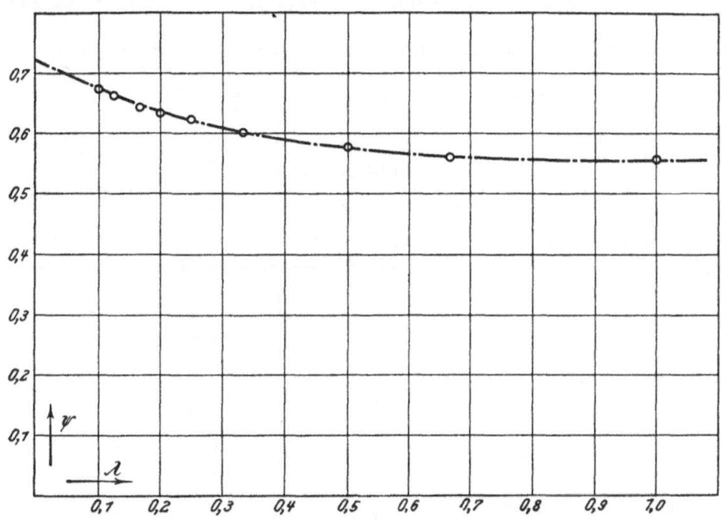

Fig. 21. Wiederstandskoeffizient für die senkrecht vom Wind getroffene, rechteckige Platte, abhängig vom Seitenverhältnis.

In Fig. 21 ist der Koeffizient Ψ abhängig vom Seitenverhältnis λ eingetragen. Die Versuchspunkte sind durch kleine Kreise gekennzeichnet. Die Beziehung zwischen λ und Ψ, wie sie sich nach unseren Versuchen herausstellt, läßt sich sehr gut durch die Formel wiedergeben:

$$\Psi = 0{,}72 - \frac{3}{7 + 5{,}5\,(\lambda + {}^1/_\lambda)}$$

Nach dieser Formel ist die strichpunktierte Linie in der Zeichnung eingetragen. Der Ausdruck $(\lambda + {}^1/_\lambda)$ im Nenner ist deshalb gewählt worden, um die Formel für alle Seitenverhältnisse λ gültig zu machen. Man kann also für λ das Verhältnis $\dfrac{\text{kleinere Seite}}{\text{größere Seite}}$ oder $\dfrac{\text{größere Seite}}{\text{kleinere Seite}}$ einsetzen.

I.

Bestimmung des Widerstandes von Drähten.

Länge des Meßdrahtes 95 cm; Durchmesser zwischen 0,05 und 30 mm.

(Dazu die Textfiguren 14—18.)

Tabelle 1.

(Versuchsanordnung siehe Fig. 14).

Widerstand der Aufhängung: 0,478, 0,99, 1,39 und 1,99 g.

Durchmesser d in mm des Meßdrahtes	Länge l in cm	$2h = \dfrac{\gamma v^2}{g}$	Ablesung von Wage I in Gramm	Widerstand W des Meßdrahtes in Gramm	$\psi = \dfrac{W}{\dfrac{\gamma v^2}{g} \cdot d \cdot l}$	v . d [m/sec . m]
0,05	94,8	2,68	0,61	0,132	1,07	0,000231
		5,10	1,19	0,20	0,827	0,00032
		8,00	1,735	0,345	0,909	0,00040
		11,63	2,475	0,485	0,881	0,000483
0,07	94,8	2,68	0,647	0,17	0,955	0,000325
		5,10	1,22	0,23	0,680	0,000447
		8,00	1,83	0,44	0,829	0,00056
		11,63	2,60	0,61	0,791	0,000677
0,09	95,5	2,68	0,698	0,22	0,955	0,000417
		5,10	1,285	0,295	0,673	0,000575
		8,00	1,88	0,49	0,713	0,00072
		11,63	2,675	0,685	0,686	0,00087
0,125	95,1	2,68	0,783	0,305	0,956	0,000580
		5,10	1,425	0,435	0,717	0,000799
		8,00	2,05	0,66	0,694	0,00100
		11,63	2,97	0,98	0,709	0,00120
0,153	94,8	2,68	0,812	0,335	0,860	0,000710
		5,10	1,525	0,535	0,724	0,000978
		8,00	2,23	0,84	0,723	0,00122
		11,63	3,175	1,185	0,703	0,00148
0,207	95,5	2,68	0,868	0,39	0,735	0,00096
		5,10	1,645	0,655	0,669	0,00132
		8,00	2,425	1,035	0,656	0,00165
		11,63	3,465	1,475	0,643	0,00200
0,291	95,5	2,685	0,99	0,512	0,686	0,00135
		5,10	1,865	0,875	0,618	0,00186
		8,00	2,77	1,38	0,620	0,00232
		11,63	3,945	1,955	0,604	0,00281
0,61	93,7	2,685	1,435	0,957	0,624	0,00283
		5,10	2,725	1,735	0,594	0,00390
		8,00	4,105	2,715	0,594	0,00488
		11,63	5,85	3,86	0,580	0,00589
1,007	93,8	2,685	2,02	1,54	0,608	0,00466
		5,10	3,71	2,72	0,566	0,00643
		8,00	5,43	4,04	0,535	0,00807
		11,63	7,70	5,71	0,520	0,00972

Durchmesser d in mm des Meßdrahtes	Länge l in cm	$2h = \dfrac{\gamma v^2}{g}$	Ablesung von Wage I n Gramm	Widerstand W des Meßdrahtes in Gramm	$\psi = \dfrac{W}{\dfrac{\gamma v^2}{g} \cdot d \cdot l}$	v . d m/sec . m
1,39	93,9	2,685	2,48	2,00	0,571	0,00643
		5,10	4,50	3,51	0,528	0,00888
		8,00	6,60	5,21	0,500	0,0112
		11,63	9,38	7,39	0,487	0,0134
2,803	93,5	2,685	3,935	3,455	0,491	0,0130
		5,10	7,36	6,37	0,477	0,0179
		8,00	10,86	9,47	0,451	0,0244
		11,63	15,75	13,76	0,450	0,0271
4,465	92,8	2,685	5,63	5,15	0,464	0,0207
		5,10	10,66	9,67	0,458	0,0285
		8,00	16,06	14,67	0,443	0,0357
		11,63	23,65	21,66	0,449	0,0431
8,06	92,7	2,685	9,52	9,04	0,452	0,0373
		5,10	18,58	17,59	0,462	0,0514
		8,00	28,25	26,86	0,450	0,0643
		11,63	41,9	39,91	0,460	0,0778
11,925	92,2	2,685	13,62	13,14	0,446	0,0552
		5,10	27,23	26,24	0,469	0,0760
		8,00	42,3	40,91	0,465	0,0953
		11,63	64,0	62,01	0,485	0,115
18,9	90,0	2,685	21,25	20,77	0 455	0 0875
		5,10	42,35	41,36	0,477	0,121
29,9	90,1	2,685	33,85	33,37	0,461	0,1385
		5,10	66,9	65,9	0,480	0,191

Tabelle 2.

(Versuchsanordnung siehe Fig. 15.)

Durchmesser d in mm	Länge l in cm	$2h = \dfrac{\gamma v^2}{g}$	Ablesung von Wage I in Gramm	Widerstand W des Meßdrahtes in Gramm	$\psi = \dfrac{W}{\dfrac{\gamma v^2}{g} \cdot d \cdot l}$
ohne Draht		2,68	2,725		
		5,10	5,145		
		8,00	7,59		
		11,63	11,02		
0,05	93,3	2,68	2,89	0,165	1,32
		5,10	5,36	0,215	0,902
		8,00	7,93	0,340	0,909
		11,63	11,465	0,445	0,82
0,09	93,4	2,68	2,925	0,20	0,887
		5,10	5,445	0,30	0,700
		8,00	8,065	0,475	0,707
		11,63	11,73	0,71	0,727
0,153	93,0	2,68	3,035	0,31	0,811
		5,10	5,64	0,495	0,681
		8,00	8,40	0,81	0,712
		11,63	12,17	1,15	0,695
0,207	93,5	2,68	3,10	0,375	0,722
		5,10	5,77	0,625	0,632
		8,00	8,62	1,03	0,665
		11,63	12,48	1,46	0,649

Tabelle 3.

Widerstand der Aufhängung,

ermittelt nach den Angaben der Tabellen 1 und 2.

1	2	3	4	5	6	7	8	9
$2h =$ $\dfrac{\gamma v^2}{g}$	Durch- messer d in mm	Aus Tabelle 2		Aus Tabelle 1		$W_2 \cdot \dfrac{l_1}{l_2}$ in Gramm	$W_1 + A_1$ $- W_2 \cdot \dfrac{l_1}{l_2}$ in Gramm	A_1 im Mittel in Gramm
		l_2 in cm	W_2 in Gramm	l_1 in cm	$W_1 + A_1$ in Gramm			
2,68	0,05	93,3	0,165	94,8	0,61	0,168	0,442	
	0,09	93,4	0,20	95,5	0,698	0,205	0,493	0,478
	0,153	93,0	0,31	94,8	0,812	0,316	0,496	
	0,207	93,5	0,375	95,5	0,868	0,383	0,485	
5,10	0,05	93,3	0,215	94,8	1.19	0,22	0,97	
	0,09	93,4	0,30	95,5	1,285	0,307	0,978	0,99
	0,153	93,0	0,495	94,8	1,525	0,505	1,02	
	0,207	93,5	0,625	95,5	1,645	0,638	1,007	
8,00	0,05	93,3	0,340	94,8	1,735	0,345	1,39	
	0,09	93,4	0,475	95,5	1,88	0,485	1,395	1,39
	0,153	93,0	0,81	94,8	2,23	0,827	1,403	
	0,207	93,5	1,03	95,5	2,425	1,052	1,373	
11,63	0,05	93,3	0,445	94,8	2,475	0,452	2,023	
	0,09	93,4	0,71	95,5	2,675	0,725	1,95	1,99
	0,153	93,0	1,15	94,8	3,175	1,173	2,002	
	0,207	93,5	1,46	95,5	3,465	1,49	1,975	

Durch Vergleich der Resultate der beiden Meßmethoden (Fig. 14 und 15) ist der Widerstand A_1 der Aufhängung Fig. 14 bei den 4 Geschwindigkeiten ermittelt worden.

II.

a) Messungen an 4 ähnlichen Platten vom Seitenverhältnis 1:4.

25. und 26. Mai 1910.

Ebene Platte $7,57 \times 30,05$ cm; Stärke d $= 0,15$ cm;

$$\frac{\gamma v^2}{g} = 5,40 \text{ mm } H_2O; \text{ Widerstand der Drähte } = 2,6 \text{ g.}$$

1	2	3	4	5
Neigungs- winkel α	Auftrieb in Gramm	Widerstand in Gramm	ζ_A	ζ_W
$- 6,0$	$- 23,6$	$+ 3,6$	$- 0,192$	0,0293
$- 2,9$	$- 11,5$	1,7	$- 0,0935$	0,0138
$+ 0,1$	$+ 0,2$	1,35	$+ 0,0016$	0,0110
3,1	11,5	1,85	0,0935	0,0151
6,2	23,9	3,4	0,195	0,0277
9,2	35,3	6,3	0,287	0,0512
12,2	38,3	9,2	0,311	0,075
15,3	40,2	12,0	0,327	0,0977
18,3	42,2	14,9	0,344	0,121
21,4	42,5	17,0	0,346	0,138
24,5	43,1	20,0	0,351	0,163
27,3	43,6	22,7	0,355	0,185
32,6	43,5	28,0	0,354	0,228
38,4	42,0	33,6	0,342	0,273

28. und 29. Mai 1910.

Ebene Platte $12,5 \times 50$ cm; Stärke $d = 0,25$ cm;

$$\frac{\gamma\, v^2}{g} = 5,40 \text{ mm } H_2O; \text{ Widerstand der Drähte} = 2,1 \text{ g.}$$

1	2	3	4	5
Neigungs-winkel α	Auftrieb in Gramm	Widerstand in Gramm	ζ_A	ζ_W
— 11,5	— 109,9	+ 25,6	— 0,326	+ 0,0759
— 8,6	— 97,6	16,6	— 0,289	0,0492
— 5,6	— 62,5	8,1	— 0,185	0,0240
— 2,6	— 28,5	3,6	— 0,0845	0,0107
+ 0,4	+ 3,7	3,1	+ 0,011	0,0092
3,4	36,9	5,4	0,109	0,0160
6,4	71,4	10,5	0,211	0,0311
9,4	104,0	19,7	0,308	0,0583
12,4	110,6	28,1	0,328	0,0832
15,5	118,6	37,0	0,351	0,110
18,5	123,2	45,5	0,365	0,135
25,2	124,0	62,6	0,368	0,186
31,1	125,7	81,5	0,372	0,241
37,0	119,6	95,5	0,354	0,283

30. Mai 1910.

Ebene Platte $20 \times 80,1$ cm; Stärke $d = 0,41$ cm;

$$\frac{\gamma\, v^2}{g} = 5,38 \text{ mm } H_2O; \text{ Widerstand der Drähte} = 2,5 \text{ g.}$$

— 3,2	— 91,3	13,1	— 0,106	0,0152
— 0,3	— 8,9	8,2	— 0,0103	0,0095
+ 2,7	+ 71,3	10,6	+ 0,0828	0,0123
5,7	156,0	20,6	0,181	0,0239
8,7	261,2	43,6	0,303	0,0506
11,7	290,9	65,2	0,338	0,0758
14,7	309,6	87,5	0,359	0,1015
17,7	329,8	113,8	0,382	0,132
20,7	326,9	132,8	0,380	0,154
23,7	331,9	151,8	0,385	0,176
26,8	333,3	180,4	0,387	0,209
35,7	330,5	240,1	0,384	0,279
42,4	312,5	287,7	0,362	0,334
49,5	295,5	339,8	0,343	0,395

1. und 2. Juni 1910.

Ebene Platte $35,2 \times 140$ cm; Stärke $d = 0,7$ cm;

$$\frac{\gamma\, v^2}{g} = 5,38 \text{ mm } H_2O; \text{ Widerstand der Drähte} = 3,5 \text{ g.}$$

— 5,0	— 459	48,8	— 0,174	0,0184
— 2,0	— 175	23,7	— 0,0661	0,0090
+ 1,0	+ 92,5	22,9	+ 0,035	0,00865
4,0	363,5	40,9	0,137	0,0154
7,0	693	98,9	0,262	0,0373
10,0	903,5	174,7	0,342	0,0660
13,0	970	245	0,366	0,0925
16,1	1045	320,8	0,395	0,121
19,2	1067,5	396,3	0,404	0,150
22,3	1077,5	463	0,407	0,175
25,5	1104	545,2	0,417	0,206

b) Messungen an der 12,5 × 50-cm Platte bei 4 Geschwindigkeiten.

7. und 8. Juni 1910.

Ebene Platte 12,5 × 50 cm bei verschiedenen Geschwindigkeiten.
Widerstand der Drähte = 1,05 bzw. 2,0 bzw. 3,1 bzw. 4,4 Gramm.

1	2	3	4	5	6
Neigungs-winkel α	$\dfrac{\gamma v^2}{g}$ in mm H_2O	Auftrieb in Gramm	Widerstand in Gramm	ζ_A	ζ_W
+ 2,3	2,663	+ 12,6	2,21	+ 0,0757	0,0133
	5,18	25,5	4,44	0,0788	0,0137
	7,90	39,2	6,4	0,0793	0,01295
	11,19	55,7	8,72	0,0796	0,0125
8,3	2,663	45,3	8,1	0,272	0,0486
	5,18	91,3	16,28	0,282	0,0502
	7,90	140,8	24,75	0,285	0,0501
	11,19	201,5	35,2	0,288	0,0503
14,4	2,663	55,1	16,37	0,331	0,098
	5,18	109,7	32,2	0,339	0,0994
	7,90	168,6	49,55	0,341	0,1003
	11,19	240,5	70,0	0,344	0,100
20,4	2,663	57,8	24,15	0,347	0,145
	5,18	115,3	47,9	0,356	0,148
	7,90	177,3	73,6	0,359	0,149
	11,19	252,6	104,1	0,361	0,149
26,5	2,663	60,6	33,15	0,364	0,199
	5,18	120,0	65,1	0,371	0,201
	7,90	185,3	98,7	0,375	0,200
	11,19	265,2	142,1	0,379	0,203
32,6	2,663	61,6	41,75	0,370	0,2505
	5,18	121,5	82,7	0,375	0,255
	7,90	186,9	126,0	0,378	0,255
	11,19	265,1	175	0,379	0,250

III.

Messungen an ebenen Platten vom Format 20 × 80 cm zur Ermittlung des Reibungswiderstandes der unendlich dünnen Platte bei 0° Neigungswinkel.

Es wurden 4 Platten von 0,165, 0,41, 0,8 und 1,6 cm Stärke untersucht und der Widerstand W_0 bei $\alpha = 0°$ ermittelt. W_0 wurde abhängig von der Stärke d der Platte aufgetragen und die Kurve bis d = 0 verlängert.

1. Stärke d der Platte = 0,165 cm. $\dfrac{\gamma v^2}{g} = 4,96$ mm H_2O.

1	2	3	4
Neigungs-winkel α	Auftrieb in Gramm	Widerstand in Gramm	ζ_W
— 3,0	— 78,0	9,15	0,0115
— 1,0	— 24,8	5,4	0,0068
+ 1,05	+ 25,8	5,3	0,00668
+ 3,05	+ 80,2	9,6	0,0121

Durch Interpolation findet man den Widerstandskoeffizienten bei $\alpha = 0°$ zu 0,0060.

2. Die Resultate für die 0,41 mm starke Platte
finden sich in der vorausgehenden Serie. Die mitgeteilten Zahlen liefern den Koeffizienten
bei 0^0 zu: $(\zeta_W)_{a=0^0} = 0{,}0082$.

3. Stärke d der Platte $= 0{,}8$ cm. $\quad \dfrac{\gamma v^2}{g} = 4{,}96$ mm H_2O.

1	2	3	4
a	A	W	ζ_W
$-2{,}4$	$-61{,}5$	12,05	0,0152
$-1{,}4$	$-37{,}5$	11,13	0,0140
$+0{,}6$	$+14{,}5$	10,9	0,0137
$+1{,}6$	$+43{,}0$	11,45	0,0144

Durch Interpolation findet man $(\zeta_W)_{a=0^0} = 0{,}0134$.

4. Stärke d der Platte $= 1{,}6$ cm. $\quad \dfrac{\gamma v^2}{g} = 5{,}2$ mm H_2O.

1	2	3	4
a	A	W	ζ_W
$-1{,}6$	$-41{,}7$	16,2	0,0195
$-0{,}6$	$-15{,}0$	16,15	0,0194
$+0{,}4$	$+11{,}7$	16,45	0,0198
$+1{,}4$	$+38{,}9$	16,8	0,0202
$2{,}4$	$+66{,}1$	17,35	0,0209

Durch Interpolation erhält man $(\zeta_W)_{a=0^0} = 0{,}0194$.

Trägt man nun die unter 1—4 mitgeteilten Werte von $(\zeta_W)_{a=0^0}$ abhängig
von der Stärke d der Platte auf, so erhält man durch Extrapolation auf
$d = 0$ den Koeffizienten $\zeta_R{}'$ für den Reibungswiderstand zu 0,0036. Beziehe
ich den Koeffizienten auf die Oberfläche (also $2 \times$ Länge $\times$ Breite der Platte),
so erhalte ich:

$$\zeta_R = 0{,}0018.$$

Da die Reibung nicht proportional mit $\dfrac{\gamma v^2}{g} \times$ Fläche zunimmt, ist
hervorzuheben, daß sich ζ_R auf eine 20×80 cm-Platte (20 cm Seite parallel
zum Luftstrom) bezieht und bei einer Geschwindigkeit von etwa 6 m/sec,
einem Luftdruck von 750 mm Hg und einer Temperatur von etwa 20^0 C bestimmt worden ist.

IV.
Versuche an 8 Platten von verschiedener Wölbung.
Format: 20 × 80 cm.
(Dazu die Figuren 22—25.)

10. und 11. März 1910.

Ebene Platte 20,1 × 79,9 cm; Stärke = 0,4 cm;

$$\frac{\gamma\, v^2}{g} = 5{,}34 \text{ mm } H_2O; \text{ Widerstand der Drähte} = 2{,}5 \text{ g.}$$

1	2	3	4	5	6
Neigungs-winkel α	Auftrieb in Gramm	Widerstand in Gramm	ζ_A	ζ_w	s in cm
— 1,7	— 43,1	+ 8,1	— 0,0505	0,0095	6,15
— 0,2	— 5,5	7,3	— 0,0065	0,0086	—
+ 1,2	+ 35,7	8,3	+ 0,042	0,0097	3,0
3,2	93,4	12,4	0,1095	0,0145	4,45
6,2	190,6	26,1	0,224	0,0306	4,93
9,2	277,8	51,0	0,326	0,0599	6,83
12,3	302	72,4	0,355	0,0850	7,53
14,3	317,2	87,3	0,372	0,1025	7,8
16,4	331	104,3	0,389	0,122	8,05
18,4	337,2	119,0	0,396	0,140	8,08
20,4	330	130,7	0,387	0,154	7,93
23,4	330,8	152,5	0,388	0,179	8,0
25,9	339	174,9	0,398	0,205	8,08
28,5	344	195,9	0,404	0,230	8,05
35,8	327,2	251,4	0,384	0,295	8,6
39,3	321,8	269,3	0,378	0,316	8,93
42,9	314,2	294,3	0,369	0,345	9,2
46,4	301	321,8	0,353	0,378	9,5

3. Mai 1910.

Gewölbte Platte 20,25 × 80 cm; Pfeil f = 0,33; Stärke = 0,4 cm;

$$\frac{\gamma\, v^2}{g} = 5{,}38 \text{ mm } H_2O.$$

1	2	3	4	5	6
— 9,0	— 211,5	40,9	— 0,242	0,047	+ 5,8
— 5,9	— 119,5	20,8	— 0,137	0,0239	+ 2,27
— 2,9	— 18,9	9,6	— 0,0217	0,0110	ca.— 20
+ 0,2	+ 74,3	8,3	+ 0,0852	0,0095	+ 10,7
3,3	163,8	14,5	0,188	0,0166	7,36
6,4	252,5	27,3	0,290	0,0314	6,38
9,4	339	53,3	0,389	0,0611	6,79
11,4	357	73,7	0,410	0,0846	7,75
13,4	354	89,9	0,406	0,103	8,06
16,4	358	113,4	0,411	0,130	8,31
18,4	359	128,1	0,412	0,147	8,44
21,4	359	148,9	0,412	0,171	8,28
20,5	360	143,1	0,413	0,164	8,38
25,6	364	182,3	0,418	0,209	8,38
30,8	363,5	225,2	0,417	0,259	8,62
36,0	347,5	265,8	0,399	0,305	8,70

11. und 12. April 1910.

Gewölbte Platte 20,0 × 80,0 cm; Pfeil f = 0,81 cm; Stärke d = 0,4 cm;

$$\frac{\gamma\,v^2}{g} = 5{,}38 \text{ mm } H_2O.$$

1	2	3	4	5	6
Neigungs-winkel α	Auftrieb in Gramm	Widerstand in Gramm	ζ_A	ζ_W	s in cm
— 2,5	— 4,4	18,5	— 0,0051	0,0215	—
— 0,5	+ 76,3	14,8	+ 0,0885	0,0172	15,75
+ 2,5	174,6	15,5	0,203	0,0180	9,7
6,4	296,6	28,0	0,345	0,0325	7,5
10,3	406	53,6	0,471	0,0622	6,6
13,3	431,5	88,8	0,502	0,103	7,5
15,3	414,2	107,7	0,482	0,125	7,9
17,3	406	122,7	0,471	0,143	8,25
19,3	398	137,7	0,463	0,160	8,25
21,3	398,5	152	0,463	0,176	8,33
23,3	396	167,3	0,460	0,194	8,15
25,4	400,5	185,3	0,465	0,215	8,0
27,4	394,5	196,6	0,458	0,229	8,23
29,3	402,5	220	0,468	0,256	8,35
32,4	394	244,3	0,458	0,284	8,15
35,6	384	270,7	0,446	0,315	8,43
39,1	372,5	294,5	0,433	0,343	8,5

20. und 21. April 1910.

Gewölbte Platte 20 × 80 cm; Pfeil f = 1,00 cm; Stärke d = 0,4 cm;

$$\frac{\gamma\,v^2}{g} = 5{,}36 \text{ mm } H_2O.$$

1	2	3	4	5	6
Neigungs-winkel α	Auftrieb in Gramm	Widerstand in Gramm	ζ_A	ζ_W	s in cm
— 4,7	— 79,5	27,8	— 0,0925	0,0324	— 6,7
— 1,6	+ 49,2	18,1	+ 0,0573	0,0211	+ 24,8
+ 1,5	172,3	16,0	0,201	0,0187	11,4
3,6	251,5	20,0	0,293	0,0233	9,52
5,6	308,4	25,8	0,359	0,0300	8,56
8,6	388,4	40,2	0,453	0,0469	7,60
11,6	463,3	61,2	0,539	0,0713	7,00
13,5	486,2	83,8	0,567	0,0977	7,12
14,5	484	98,1	0,564	0,114	7,58
17,5	448	126,1	0,522	0,147	8,27
20,5	438,2	153,0	0,510	0,178	8,38
23,5	427,5	175,3	0,498	0,204	8,35
27,5	427,5	208,1	0,498	0,242	8,35
30,6	422,5	236,9	0,492	0,276	8,35
33,7	408,5	256,5	0,476	0,299	8,42
39,4	383,7	302	0,447	0,352	8,70
44,5	364	335,5	0,424	0,391	9,08

                   O. Föppl.

8. und 9. März 1910.

Gewölbte Platte $20,0 \times 80,0$ cm; Pfeil $f = 1,42$ cm; Stärke $d = 0,4$ cm;

$$\frac{\gamma v^2}{g} = 5,34 \text{ mm } H_2O.$$

1	2	3	4	5	6
Neigungs-winkel α	Auftrieb in Gramm	Widerstand in Gramm	ζ_A	ζ_W	s in cm
— 3,8	— 38,9	29,4	— 0,0455	0,0345	— 11,1
— 1,8	+ 37,8	24,7	+ 0,0443	0,0289	+ 27,1
— 0,3	115,9	24,8	0,136	0,0290	15,1
+ 1,2	190,8	26,8	0,223	0,0314	12,3
3,7	290,2	32,3	0,340	0,0379	10,3
6,2	395,3	40,8	0,463	0,0478	9,05
8,6	459	53,7	0,538	0,0629	8,28
11,1	514,5	70,0	0,602	0,0820	7,80
13,6	552	92,3	0,647	0,108	7,42
15,2	536,5	116,1	0,627	0,136	7,85
17,2	480	136	0,562	0,159	8,65
20,2	448	160,5	0,525	0,188	8,9
24,2	433,5	189,2	0,508	0,221	8,95
26,2	429,5	205,4	0,503	0,240	8,92
26,2	437	211,3	0,512	0,247	9,00
32,2	416	236,3	0,487	0,277	8,78
35,9	396,5	273,6	0,465	0,321	8,92
39,5	384,5	303	0,450	0,355	9,16
43,1	370	332,5	0,433	0,378	9,18

21. und 22. April 1910.

Gewölbte Platte 20×80 cm; Pfeil $f = 1,65$ cm; Stärke $d = 0,4$ cm;

$$\frac{\gamma v^2}{g} = 5,36 \text{ mm } H_2O.$$

1	2	3	4	5
Neigungs-winkel α	Auftrieb in Gramm	Widerstand in Gramm	ζ_A	ζ_W
— 7,0	— 90,2	45,9	— 0,1055	0,0537
— 4,0	— 38,2	36,4	— 0,0447	0,0425
— 1,0	+ 57,1	29,3	+ 0,067	0,0343
+ 1,9	216	32,3	0,252	0,0377
3,9	300	37,0	0,351	0,0432
8,0	475,4	51,2	0,556	0,0599
11,0	528	66,7	0,617	0,078
13,0	562,5	80,8	0,658	0,0945
15,0	583,2	96,2	0,681	0,1125
17,1	556,2	133,4	0,649	0,156
20,2	482	156,1	0,563	0,1825
23,3	454	177,2	0,530	0,207
27,5	452	222,8	0,528	0,260
30,7	445	249,3	0,520	0,291
34,0	439	274,7	0,513	0,320
37,3	413	295,8	0,483	0,345

23. und 25. April 1910.

Gewölbte Platte $20,1 \times 79,7$ cm; Pfeil $f = 2,04$ cm; Stärke $d = 0,4$ cm; $\dfrac{\gamma\,v^2}{g} = 5,34$ mm H_2O.

1	2	3	4	5	6
Neigungs- winkel α	Auftrieb in Gramm	Widerstand in Gramm	ζ_A	ζ_W	s in cm
— 6,4	— 64,3	49,5	— 0,0751	0,0579	— 2,5
— 2,5	+ 8,2	40,1	+ 0,0096	0,0469	ca. + 80
+ 0,5	111,2	35,6	0,130	0,0416	+ 15,58
3,5	281	47,0	0,329	0,0550	11,74
6,5	432,5	59,3	0,505	0,0693	10,25
9,5	569,3	74,7	0,666	0,0872	9,02
11,5	590,5	84,0	0,690	0,0981	8,65
13,5	613	96,4	0,718	0,113	8,3
15,5	630	110,6	0,737	0,129	8,03
17,5	626,5	129,8	0,731	0,152	7,95
19,5	579	163,8	0,677	0,191	8,54
18,5	602	147,8	0,703	0,173	8,23
24,4	486	202,2	0,568	0,236	9,28
28,4	471	236,8	0,551	0,277	9,21
32,4	456,5	273,5	0,533	0,320	9,40
27,4	479	231,5	0,560	0,271	9,23
32,8	455	272,3	0,532	0,319	9,33
38,2	421,5	312,3	0,493	0,365	9,28
43,6	400	353,0	0,468	0,413	9,42
49,1	363,5	399,2	0,425	0,466	9,68

11. und 12. April 1910.

Gewölbte Platte $20,2 \times 79,9$ cm; Pfeil $f = 2,49$ cm; Stärke $d = 0,4$ cm; $\dfrac{\gamma\,v^2}{g} = 5,36$ mm H_2O.

1	2	3	4	5
Neigungs- winkel α	Auftrieb in Gramm	Widerstand in Gramm	ζ_A	ζ_W
— 7,2	— 61,2	55,9	— 0,071	0,0648
— 4,2	— 22,2	51,1	— 0,0257	0,0592
— 2,2	+ 15,4	46,7	+ 0,0178	0,0541
+ 0,8	109,3	42,7	+ 0,126	0,0494
2,8	198,6	49,5	0,230	0,0572
4,8	318,3	62,1	0,368	0,0720
7,8	440,5	79,1	0,510	0,0916
10,8	640,5	96,5	0,741	0,112
13,8	655	110,2	0,758	0,128
15,9	662,5	122,3	0,767	0,142
18,0	668,5	136,1	0,773	0,158
20,0	648,5	159,5	0,750	0,185
21,6	583	185,3	0,676	0,215
21,8	573,5	191,1	0,664	0,221
23,1	529	200,2	0,612	0,232
25,0	509,5	217,6	0,590	0,251
27,2	492,5	233,1	0,570	0,270
29,3	491,5	252,2	0,569	0,292
31,5	480	275,8	0,556	0,320
33,7	469	288,3	0,542	0,334
35,8	452	306,8	0,523	0,355
37,0	449,5	312,4	0,520	0,362
40,0	431	337,8	0,499	0,391

Fig. 22 bis 25: Platten vom Format 20 × 80 cm von verschiedener Wölbung.

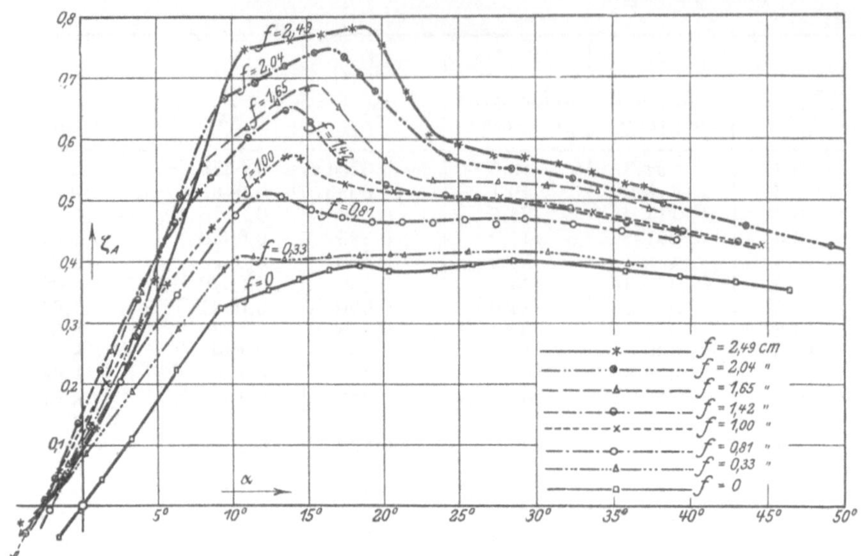

Fig. 22. (f = Wölbungspfeil.)

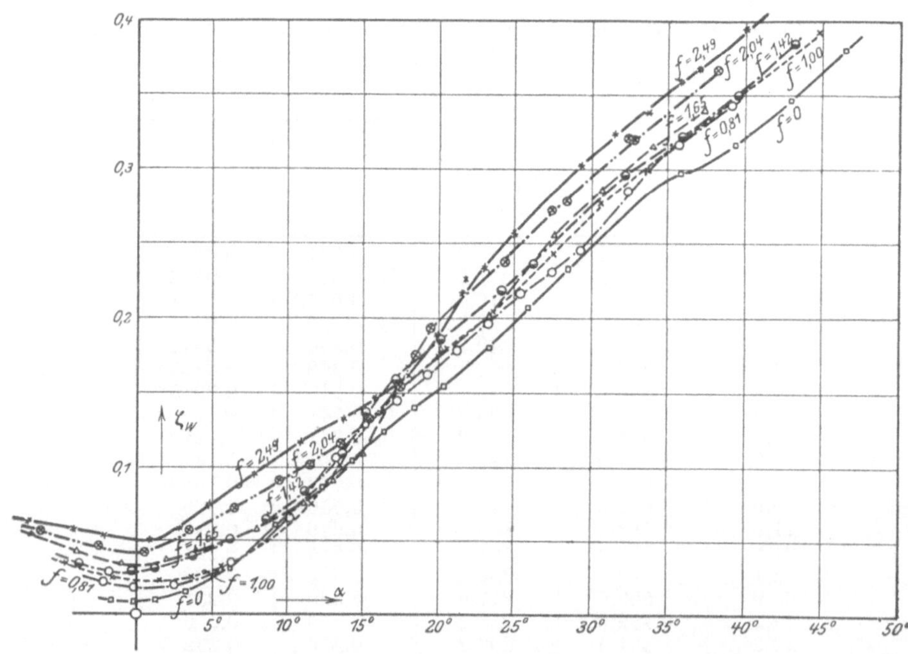

Fig. 23. (Bedeutung der Zeichen siehe Fig. 22.)

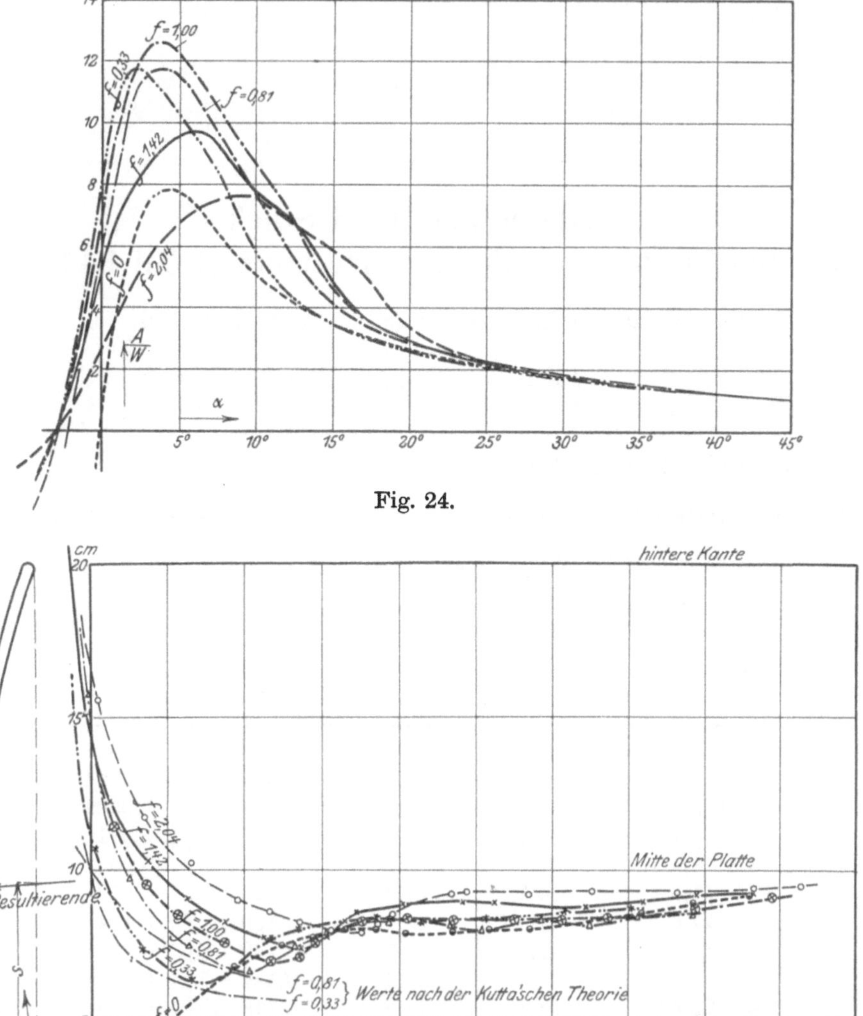

Fig. 24.

Fig. 25. (s = Entfernung der Resultierenden von der vorderen Kante.)

Die Ergebnisse der Kuttaschen Theorie für die Strecke s in obiger Figur werden durch die Formel:

$$ s = \frac{1}{4} \cdot \text{Plattensehne} \cdot \left[2 - \frac{\operatorname{tg} \alpha}{\operatorname{tg}\left(\alpha + \dfrac{\beta}{2} \right)} \right] $$

mit genügender Genauigkeit wiedergegeben.

Es bedeuten dabei α den Neigungswinkel und β den halben Zentriwinkel des Kreisbogens $\left(\text{also } \operatorname{tg} \dfrac{\beta}{2} = \dfrac{2 \times \text{Wölbungspfeil}}{\text{Sehne}} \right)$.

Wir haben in Fig. 25 und 34 die Resultate der Theorie für Platten mit dem Wölbungsverhältnis 1:60, 1:24 und 1:26 eingetragen.

  O. Föppl.

V.

Messungen an 8 Stück
20 cm tiefen Platten von gleicher Wölbung (Pfeil 1,44—1,53 cm).

Seitenverhältnis zwischen 1:1 und 1:5.

(Dazu die Figuren 26—29.)

13. und 14. Juli 1910.

Gewölbte Platte 20,07 × 19,98 cm; Pfeil f = 1,44 cm; Stärke d = 0,27 cm; $\dfrac{\gamma v^2}{g}$ = 5,36 mm H_2O; Widerstand der Drähte = 2,1 g.

1	2	3	4	5
Neigungs-winkel α	Auftrieb in Gramm	Widerstand in Gramm	ζ_A	ζ_W
— 3,1	+ 5,7	6,55	+ 0,0265	0,0305
— 0,2	18,2	6,3	0,0847	0,0294
+ 2,8	30,9	7,07	0,144	0,0329
5,7	43,7	9,0	0,203	0,0419
8,6	59,3	12,5	0,276	0,0581
11,6	74,2 ·	17,0	0,346	0,079
14,6	87,9	22,4	0,409	0,104
17,6	101,2	29,3	0,470	0,136
20,6	113,3	36,9	0,527	0,171
23,6	124,1	47,0	0,578	0,219
26,6	136,7	60,3	0,638	0,281
28,4	146,3	70,1	0,681	0,326
31,5	157,8	85,0	0,734	0,396
34,7	168,0	102,1	0,782	0,475
36,9	172,0	113,8	0,801	0,530
39,2	174,7	126,2	0,814	0,588
39,1	177,3	126,2	0,826	0,588
38,0	175,9	120,8	0,819	0,562
40,3	177,7	132,2	0,828	0,617
41,4	176,1	136,4	0,820	0,637
42,6	172,0	142,2	0,801	0,662
43,2	171,8	144,2	0,800	0,671
39,1	99,5	78,9	0,463	0,367
39,2	99,7	78,5	0,464	0,365
40,3	96,8	80,7	0,451	0,376
41,5	94,9	82,4	0,442	0,384
42,6	93,4	83,8	0,435	0,390
46,7	87,7	89,6	0,408	0,417

11. und 12. Juli 1910.

Gewölbte Platte $20,05 \times 30,1$ cm; Pfeil $f = 1,48$ cm;

$\dfrac{\gamma\,v^2}{g}$ ist zuerst 5,48 mm H_2O.

1	2	3	4	5
Neigungs-winkel α	Auftrieb in Gramm	Widerstand in Gramm	ζ_A	ζ_W
— 3,0	+ 8,1	9,9	0,0247	0,0303
0	32,8	9,6	0,100	0,0294
+ 3,0	60,4	11,3	0,185	0,0346
6,0	90,8	15,6	0,277	0,0477
9,0	117,7	21,4	0,360	0,0654
11,9	140,3	28,3	0,429	0,0866
13,4	150,5	33,0	0,46	0,101
14,9 [1])	160,7	37,4	0,486	0,113
17,9 [1])	178,7	47,6	0,541	0,144
20,9 [1])	193,9	63,3	0,586	0,192
wiederh.				
20,9 [2])	188,9	61,7	0,585	0,191
22,9 [2])	195,7	75,8	0,606	0,234
25,0 [2])	202,9	88,9	0,629	0,275
27,0 [2])	154,8	79,8	0,480	0,247
28,8 [2])	145,7	80,5	0,451	0,249
34,1 [2])	139,4	95,5	0,431	0,295
39,5 [2])	144,6	119,4	0,448	0,369

21. und 22. Juni 1910.

Gewölbte Platte $20,0 \times 40,0$ cm; Pfeil $f = 1,495$ cm;

$\dfrac{\gamma\,v^2}{g} = 5,18$ mm H_2O.

1	2	3	4	5
α	Auftrieb in Gramm	Widerstand in Gramm	ζ_A	ζ_W
— 6,5	— 30,5	17,7	— 0,0737	0,0427
— 3,5	+ 4,4	13,3	+ 0,0106	0,0321
— 0,5	45,6	12,3	0,110	0,0297
+ 2,5	91,8	14,4	0,221	0,0348
5,5	131,9	19,5	0,318	0,0471
8,5	173,4	27,4	0,418	0,0661
11,5	204,3	37,1	0,494	0,0894
14,5	234,6	49,1	0,566	0,118
17,5	251,6	62,8	0,608	0,152
20,5	243,4	83,2	0,589	0,201
23,5	215,4	91,6	0,520	0,221
28,9	193,7	104,5	0,467	0,252
34,3	182,3	119,5	0,440	0,289
39,9	173,0	141,2	0,418	0,341

---

[1]) Druckregler verstellt; $\dfrac{\gamma\,v^2}{g} = 5,48$ mm H_2O

[2])   ,,   ,, ; $\dfrac{\gamma\,v^2}{g} = 5,36$ mm H_2O.

23. Juni 1910.

Gewölbte Platte $20,1 \times 54,85$ cm; Pfeil f $= 1,525$ cm;

$$\frac{\gamma\, v^2}{g} = 5,18 \text{ mm } H_2O.$$

1	2	3	4	5
Neigungs-winkel α	Auftrieb in Gramm	Widerstand in Gramm	ζ_A	ζ_W
— 5,8	— 35,5	22,9	— 0,062	0,0402
— 2,8	+ 16,0	18,0	+ 0,028	0,0316
+ 0,1	88,3	17,4	0,155	0,0305
3,1	162,0	21,5	0,284	0,0377
6,0	225,0	29,5	0,395	0,0517
9,0	286,3	40,2	0,502	0,0704
12,0	330,2	54,3	0,580	0,0951
15,0	360,6	72,3	0,632	0,127
18,0	344,4	98,0	0,603	0,172
21,0	304,0	112,2	0,533	0,197
24,0	286,7	125,3	0,503	0,219
28,6	274,5	146,7	0,481	0,257
34,2	259,5	169,5	0,455	0,297
39,9	245,0	199,2	0,430	0,350

25. Juni 1910.

Gewölbte Platte $20,1 \times 70,1$ cm; Pfeil f $= 1,485$ cm;

$$\frac{\gamma\, v^2}{g} = 5,18 \text{ mm } H_2O; \text{ Drahtwiderstand } = 2,5 \text{ g.}$$

— 3,0	+ 26,5	23,2	+ 0,0363	0,0319
0	142,1	22,0	0,195	0,0301
+ 2,9	233,5	26,4	0,320	0,0362
5,9	337,2	37,8	0,462	0,0518
8,8	391,2	50,3	0,537	0,0690
11,8	447,2	70,1	0,613	0,0961
14,8	463,8	98,2	0,637	0,135
17,8	409,0	124,9	0,561	0,171
20,8	381,8	144,0	0,523	0,197
23,8	373,8	164,0	0,512	0,225
26,8	365,2	184,3	0,501	0,253
27,0	364	185,3	0,500	0,254
32,3	347,5	220	0,477	0,302
37,8	333	257	0,457	0,353

25. Juni 1910.

Gewölbte Platte $20,1 \times 79,97$ cm; Pfeil f $= 1,53$ cm;

$$\frac{\gamma\, v^2}{g} = 5,20 \text{ mm } H_2O.$$

— 5,2	— 51,9	32,6	— 0,062	0,039
— 2,2	+ 44,2	25,5	+ 0,053	0,0306
— 0,7	195,5	26,7	0,234	0,032
+ 3,7	309,5	33,8	0,370	0,0404
6,6	425,5	45,8	0,510	0,0548
9,6	487,6	61,5	0,583	0,0737
12,5	540,8	84,6	0,648	0,1013
14,5	542,8	109,3	0,650	0,131
15,5	535,3	124,2	0,641	0,149
18,5	466,2	150,1	0,559	0,180
21,5	440,0	172,0	0,527	0,206
24,5	430,0	194,2	0,515	0,232
27,7	431,5	225,0	0,518	0,270
33,1	406,0	263,5	0,486	0,315
38,7	381,3	302,5	0,457	0,363

28. und 29. Juni 1910.

Gewölbte Platte $20,2 \times 90,1$ cm; Pfeil $f = 1,51$ cm;

$\dfrac{\gamma\, v^2}{g}$ ist zuerst 5,2 mm H_2O.

1	2	3	4	5
Neigungs-winkel α	Auftrieb in Gramm	Widerstand in Gramm	ζ_A	ζ_W
$-$ 2,7	$+$ 26,5	29,3	0,028	0,031
$+$ 0,2	212	27,9	0,224	0,0295
3,1	350,3	34,3	0,372	0,0363
6,1	477,2	45,7	0,505	0,0483
9,1	552,5	63,5	0,584	0,0671
12,0	611,8	88,7	0,648	0,0937
wiederh.				
12,0 [1]	619	90,8	0,644	0,0942
13,0 [1]	620	104,6	0,645	0,190
15,0 [1]	594	138,3	0,618	0,144
18,0 [1]	529	166,8	0,550	0,173
21,0 [1]	506,5	193,8	0,527	0,201
24,0 [1]	507	225,3	0,527	0,235
27,0 [1]	525,5	265	0,546	0,275
30,8 [1]	509	305	0,529	0,317
36,3 [1]	461	336,5	0,480	0,350
42,0 [1]	428,5	385,5	0,445	0,401

1., 2. und 4. Juli 1910.

Gewölbte Platte $20,15 \times 105,1$ cm; Pfeil $f = 1,48$ cm;

$\dfrac{\gamma\, v^2}{g} = 5,32$ mm H_2O.

1	2	3	4	5
α	Widerstand in Gramm	Auftrieb in Gramm	ζ_A	ζ_W
$+$ 1,3	350	36,0	0,310	0,0319
4,5	525,7	43,6	0,465	0,0386
7,4	621,5	59,6	0,551	0,0527
10,4	703,5	85,5	0,623	0,0758
12,4	741,5	108,3	0,659	0,096
15,4	684	164,6	0,607	0,146
19,4	619	208,6	0,549	0,185
23,6	603,5	259	0,535	0,229
$-$ 3,7	$-$ 37,4	37,4	$-$ 0,0331	0,0331
$-$ 0,7	$+$ 191,5	31,0	$+$ 0,170	0,0274
$+$ 2,2	383	35,6	0,340	0,0315
5,2	547,3	46,5	0,486	0,0413
8,2	639,1	65,7	0,568	0,0582
11,2	714,3	93,2	0,634	0,0828

---

[1]) Druckregler verstellt; $\dfrac{\gamma\, v^2}{g} = 5,29$ mm H_2O.

    O. Föppl.

Fig. 26 bis 29: Platten von gleicher Wölbung und verschiedenem Seitenverhältnis.

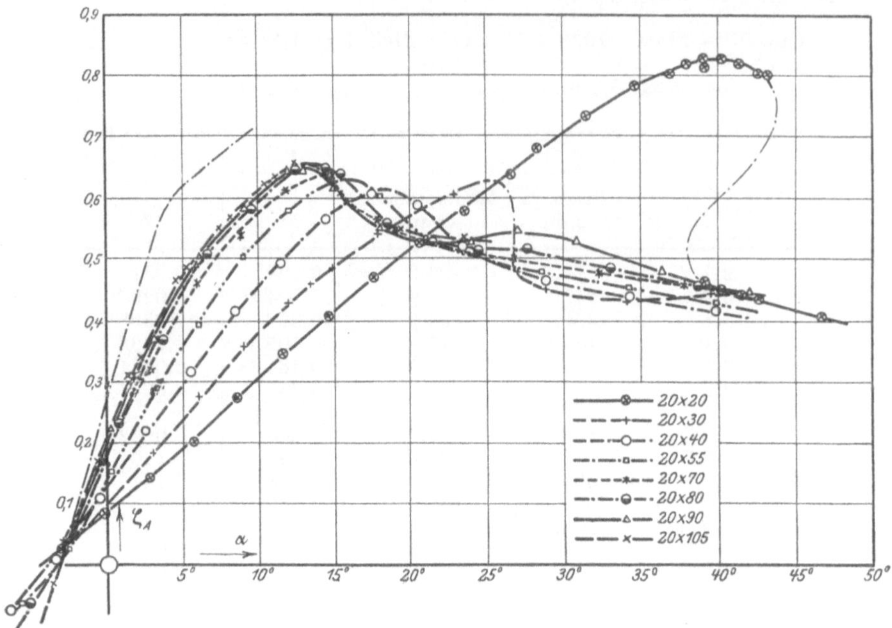

Fig. 26.

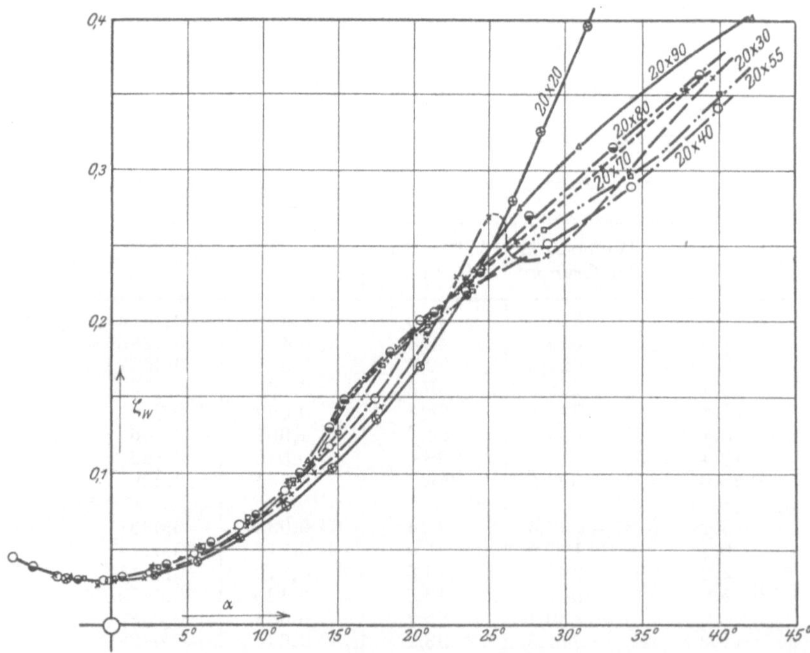

Fig. 27. (Bedeutung der Zeichen siehe Fig. 26.)

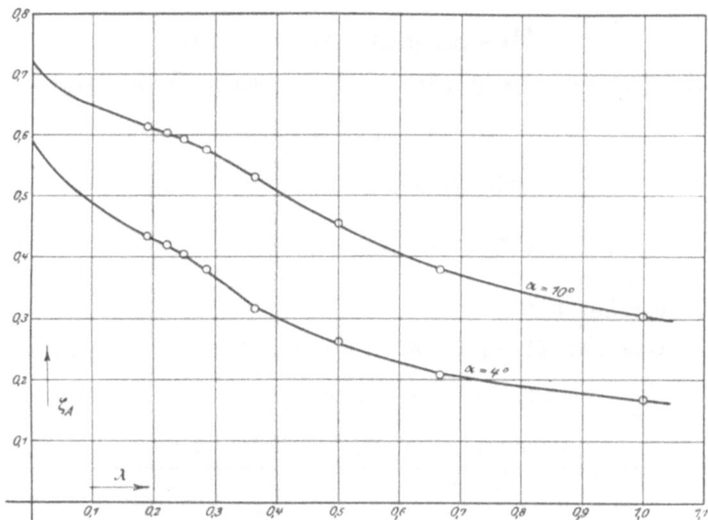

Fig. 28. ($\lambda =$ Seitenverhältnis.)
Extrapolation auf die unendlich breite Platte.

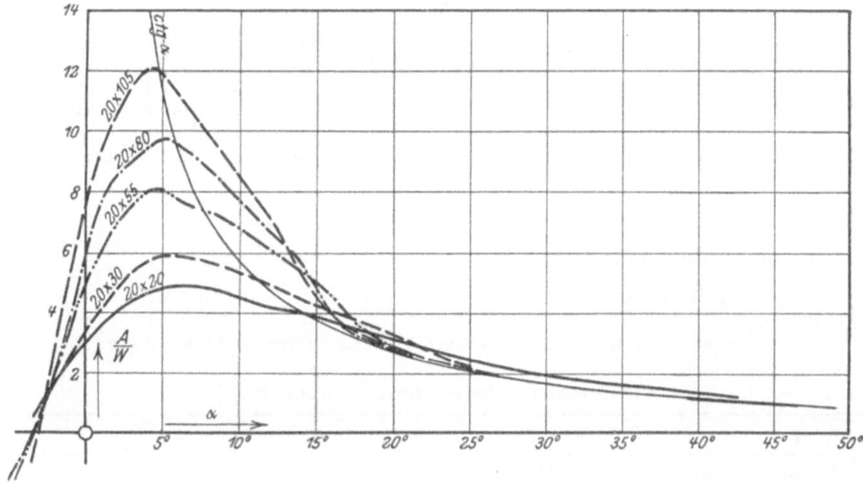

Fig. 29.

VI.

Messungen an 5 Stück
12 cm tiefen Platten von gleicher Wölbung (Pfeil 0,445—0,48 cm).

Stärke d = 0,16 cm.

Seitenverhältnis zwischen 1:2 und 1:8.

(Dazu die Figuren 30—34.)

21. November 1910.

Gewölbte Platte 12,13 × 24,0 cm; Pfeil f = 0,48 cm;

$$\frac{\gamma\, v^2}{g} = 5,22 \text{ mm } H_2O; \text{ Drahtwiderstand } D = 2,5 \text{ g.}$$

(Als Beispiel vollständig wiedergegeben.)

1	2	3	4	5	6	7	8	9	10
Neigungs-winkel α	Wage I	Wage II	Wage III	A = II + III	K	W = I + K — D	ξ_A	ξ_W	s
		in Gramm							in cm
— 1,3	4,95	+ 4,8	+ 2,95	+ 7,75	0,35	2,8	0,051	0,0184	+ 12,65
+ 2,6	4,7	19,3	3,55	22,85	1,0	3,2	0,150	0,0211	6,37
6,5	6,1	34,0	4,65	38,65	1,75	5,35	0,255	0,0353	5,23
10,6	9,7	49,8	5,0	54,8	2,5	9,7	0,361	0,0639	4,34
14,6	15,7	62,5	6,7	69,2 ·	3,1	16,3	0,456	0,107	4,48
16,6	20,1	64,8	8,2	73,0	3,3	20,9	0,481	0,138	4,83
18,6	23,7	64,5	9,1	73,6	3,3	24,5	0,485	0,161	5,08
22,7	30,1	62,6	10,1	72,7	3,3	30,9	0,479	0,203	5,32
26,7	33,1	56,2	9,5	65,7	3,0	33,6	0,433	0,221	5,30
32,7	40,1	51,8	10,1	61,9	3,0	40,6	0,407	0,267	5,39
38,3	46,9	48,6	11,2	59,8	3,0	47,5	0,394	0,313	5,52
44,0	55,7	45,0	12,8	57,8	3,1	56,3	0,380	0,371	5,62

22. November 1910.

Gewölbte Platte 12,08 × 36,01 cm; Pfeil f = 0,445 cm;

$$\frac{\gamma\, v^2}{g} = 5,22 \text{ mm } H_2O; \text{ Widerstand der Drähte } D = 2,0 \text{ g.}$$

(Als Beispiel vollständig wiedergegeben.)

1	2	3	4	5	6	7	8	9	10
Neigungs-winkel α	Wage I	Wage II	Wage III	A = II + III	K	W = I + K — D	ξ_A	ξ_W	s
		in Gramm							in cm
— 3,3	8,2	— 7,25	3,3	— 3,95	— 0,2	6,0	— 0,0174	0,0264	— 20,4
+ 1,7	5,5	+ 28,7	5,9	+ 34,6	+ 1,6	5,1	+ 0,152	0,0225	+ 6,6
6,6	8,1	63,1	7,5	70,6	3,2	9,3	0,311	0,0410	4,75
11,6	16,05	92,9	9,4	102,3	4,65	18,7	0,450	0,0823	4,39
14,6	25,3	97,0	12,45	109,45	5,0	28,3	0,481	0,125	4,92
17,6	31,9	91,1	13,5	104,6	4,75	34,65	0,460	0,153	5,21
21,6	40,3	88,7	13,7	102,4	4,7	43,0	0,451	0,190	5,20
26,6	48,9	85,3	13,8	99,1	4,5	51,4	0,437	0,227	5,08
34,1	63,5	80,7	15,7	96,4	4,8	66,3	0,425	0,292	5,25
40,6	76,8	72,8	17,9	90,7	4,7	79,5	0,400	0,350	5,48

23. November 1910.

Gewölbte Platte $12,12 \times 48,0$ cm; Pfeil $f = 0,445$ cm;

$$\frac{\gamma\, v^2}{g} = 5,22 \text{ mm } H_2O; \text{ Widerstand der Drähte } D = 2,0 \text{ g.}$$

1	5	7	8	9	10
α	$A = \mathrm{II} + \mathrm{III}$	$W = \mathrm{I} + \mathrm{K} - D$	ζ_A	ζ_W	s in cm
— 2,9	+ 3,9	6,6	+ 0,0128	0,0217	+ 48,5
+ 2,0	57,7	6,0	0,190	0,0198	5,73
7,0	108,4	13,0	0,356	0,0428	4,34
12,0	144,8	30,1	0,476	0,099	4,59
14,0	144,0	37,6	0,474	0,124	4,91
17,0	141,7	46,6	0,466	0,153	5,10
22,1	138,0	60,6	0,454	0,199	5,13
27,2	140,1	76,3	0,461	0,251	5,06
32,0	136,4	89,5	0,449	0,295	5,16
37,6	128,8	103,1	0,424	0,340	5,28
43,3	120,8	120,0	0,398	0,395	5,42

24. November 1910.

Gewölbte Platte $12,08 \times 84$ cm; Pfeil $f = 0,475$ cm;

$$\frac{\gamma\, v^2}{g} = 5,22 \text{ mm } H_2O; \text{ Widerstand der Drähte } D = 2,0 \text{ g.}$$

1	5	7	8	9	10
α	$A = \mathrm{II} + \mathrm{III}$	$W = \mathrm{I} + \mathrm{K} - D$	ζ_A	ζ_W	s in cm
— 3,9	— 29,1	15,0	— 0,055	0,0283	— 3,52
+ 1,1	+ 105,3	9,1	+ 0,198	0,0172	+ 6,40
6,0	212,5	19,0	0,401	0,0359	4,64
11,0	270,2	46,5	0,510	0,0878	4,81
13,0	266,4	59,3	0,502	0,112	5,03
16,0	262,2	75,9	0,495	0,143	5,21
21,0	264,6	103,1	0,499	0,194	5,27
26,0	275,1	134,5	0,520	0,254	5,18
33,4	289,6	194,6	0,546	0,368	5,42
40,0	267,0	228,9	0,503	0,432	5,37
46,9	228,7	249,8	0,431	0,471	5,51

25. November 1910.

Gewölbte Platte $12,08 \times 108,37$; Pfeil $f = 0,455$ cm;

$$\frac{\gamma\, v^2}{g} = 5,23 \text{ mm } H_2O; \text{ Widerstand der Drähte } D = 2,0 \text{ g.}$$

1	5	7	8	9	10
α	$A = \mathrm{II} + \mathrm{III}$	$W = \mathrm{I} + \mathrm{K} - D$	ζ_A	ζ_W	s in cm
— 4,2	— 50,9	19,0	— 0,0741	0,0277	— 1,68
+ 0,8	+ 135,9	10,4	+ 0,198	0,0152	+ 6,05
5,8	280,9	22,9	0,410	0,0334	4,49
8,8	350,8	42,6	0,511	0,0621	4,30
11,8	341,0	69,8	0,498	0,102	4,93
15,9	340,9	100,0	0,497	0,146	5,18
20,9	355,2	136,0	0,518	0,198	5,70
26,0	381,5	183,9	0,557	0,268	5,71

	O. Föppl.

Fig. 30 bis 34: Platten von gleicher Wölbung und verschiedenem Seitenverhältnis.

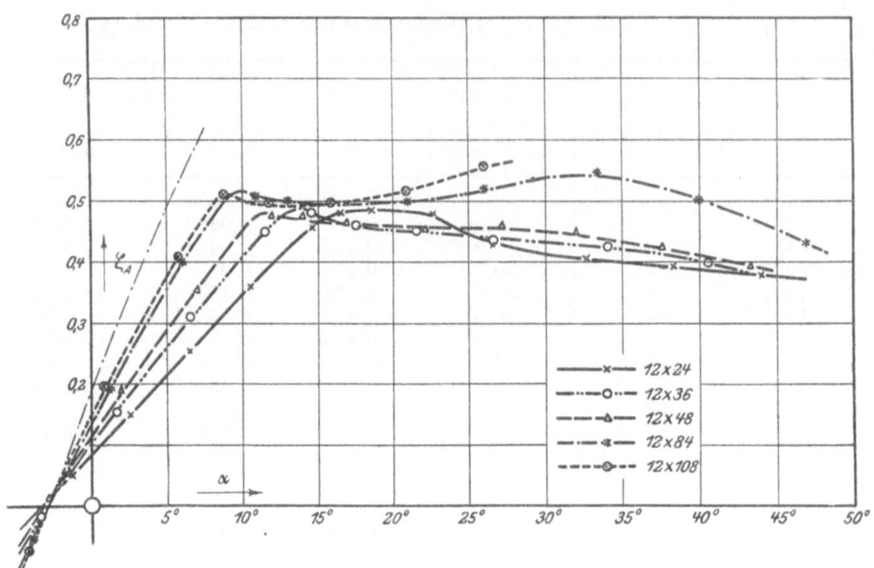

Fig. 30.

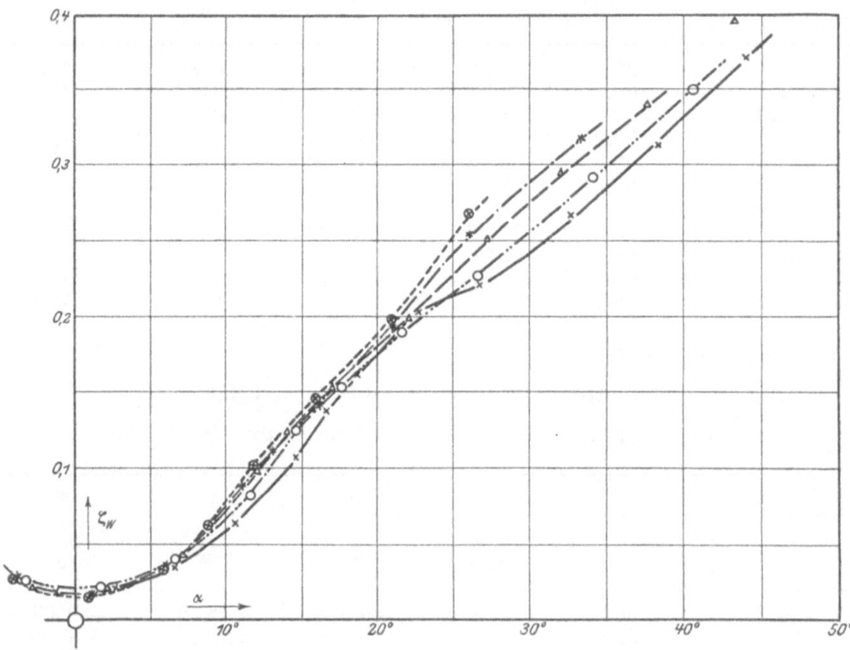

Fig. 31.

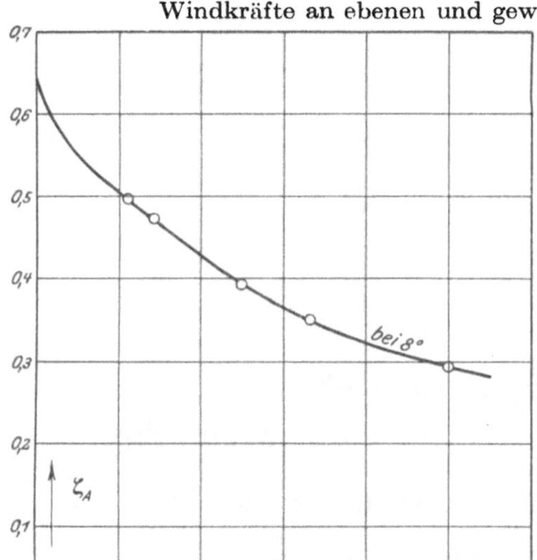

Fig. 32. (λ = Seitenverhältnis.) Extrapolation auf die unendlich breite Platte.

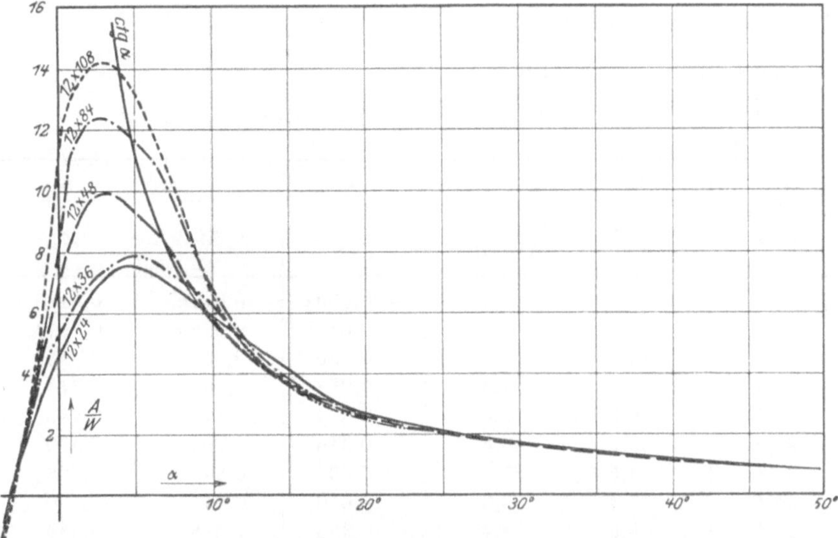

Fig. 33.

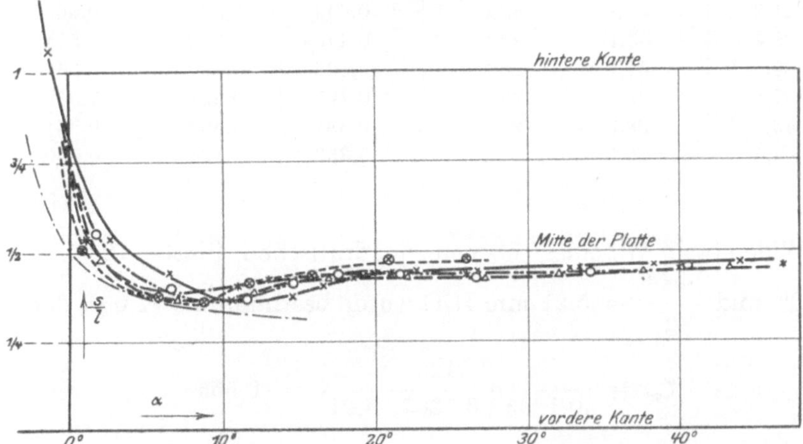

Fig. 34. (s/l = verhältnismäßige Entfernung der Resultierenden von der vorderen Kante.)

VII.

Messungen an 6 ebenen
0,17 cm starken Platten von 12 cm Tiefe.

Seitenverhältnis zwischen 1:1 und 1:8.

(Dazu die Figuren 35—38.)

15. und 16. November 1910.

Ebene Platte $12,0 \times 11,9$ cm;

$$\frac{\gamma\,v^2}{g} = 5.20 \text{ mm H}_2\text{O}; \text{ Widerstand der Drähte} = 2,6 \text{ g}.$$

1	2	3	4	5	6
Neigungs-winkel α°	Auftrieb in Gramm	Widerstand in Gramm	ζ_A	ζ_W	ζ
+ 1,3	+ 0,7	1,3	+ 0,0094	0,0175	0,0199
6,3	6,5	1,9	0,0878	0,0256	0,0914
11,4	13,8	3,8	0,186	0,0512	0,193
16,4	22,1	7,35	0,298	0,099	0,314
21,4	30,3	12,6	0,409	0,170	0,443
26,6	38,2	19,6	0,516	0,264	0,580
31,8	44,6	27,7	0,601	0,373	0,708
35,1	47,4	33,0	0,640	0,445	0,780
38,4	48,8	38,4	0,658	0,518	0,839
40,6	48,5	41,7	0,653	0,562	0,863
41,8	47,8	42,5	0,643	0,573	0,863
38,4	33,1	26,9	0,446	0,362	0,574
39,5	31,6	26,7	0,426	0,360	0,558
41,8	30,2	28,2	0,407	0,381	0,558
45,3	28,3	29,5	0,381	0,398	0,551
48,7	26,6	31,4	0,359	0,424	0,555

Der Widerstand W einer ebenen quadratischen Platte $12,05 \times 12,07$ cm bei $\alpha = 90^0$ und $\frac{\gamma\,v^2}{g} = 5,21$ mm H$_2$O wurde bestimmt zu 42,0 g; demnach ist:

$$\zeta_{90} = \frac{0,0420}{0,1205 \cdot 0,1207 \cdot 5,21} = 0,555.$$

19. Oktober 1910.

Ebene Platte $12,12 \times 24,05$ cm;

$$\frac{\gamma v^2}{g} = 5,232 \text{ mm H}_2\text{O}; \text{ Widerstand der Drähte} = 2,0 \text{ g}.$$

1	2	3	4	5	6
Neigungs-winkel α	Auftrieb in Gramm	Widerstand in Gramm	ζ_A	ζ_W	ζ
+ 1,1	2,2	1,95	0,0144	0,0128	0,0193
5,2	15,8	3,3	0,104	0,0216	0,106
9,2	32,35	6,7	0,212	0,0439	0,216
13,2	47,2	12,5	0,310	0,082	0,320
17,2	58,15	18,5	0,381	0,121	0,400
21,2	58,6	24.4	0,384	0,160	0,416
25,2	53,45	26,9	0,350	0,176	0,391
28,2	52,4	29,5	0,344	0,194	0,395
32,5	51,3	34,7	0,337	0,227	0,406
37,7	50,0	41,0	0,328	0,269	0,424

20. Oktober 1910.

Ebene Platte $12,13 \times 36,17$ cm;

$$\frac{\gamma v^2}{g} = 5,232 \text{ mm H}_2\text{O}.$$

1	2	3	4	5	6
α	Auftrieb in Gramm	Widerstand in Gramm	ζ_A	ζ_W	ζ
+ 0,9	3,6	2,7	0,0157	0,0118	0,0196
5,0	29,65	5,0	0,129	0,0218	0,131
9,0	59,7	11,2	0,260	0,0487	0,265
13,1	78,2	20,05	0,340	0,0873	0,351
16,1	82,7	26,0	0,360	0,113	0,377
18,2	84,85	29,9	0,369	0,130	0,391
21,2	84,2	35,1	0,367	0,153	0,397
25,3	82,7	41,3	0,360	0,180	0,402
29,6	83,15	48,8	0,362	0,212	0,420
55,0	82,6	58,3	0,359	0,254	0,440
40,4	80,0	69,4	0,348	0,302	0,460

21. Oktober 1910.

Ebene Platte $12,04 \times 48,1$ cm;

$$\frac{\gamma v^2}{g} = 5,232 \text{ mm H}_2\text{O}.$$

1	2	3	4	5	6
α	Auftrieb in Gramm	Widerstand in Gramm	ζ_A	ζ_W	ζ
1,5	12,4	4,0	0,0409	0,0132	0,0430
5,4	52,2	7,9	0,172	0,0260	0,174
9,3	94,8	18,2	0,313	0,0600	0,318
13,3	104,7	28,5	0,345	0,094	0,357
15,3	110,4	34,1	0,364	0,113	0,381
18,2	117,2	42,25	0,385	0,139	0,409
22,2	114,2	50,8	0,376	0,168	0,411
26,3	118,9	63,5	0,392	0,209	0,444
29,1	121,3	72,2	0,399	0,238	0,464
33,3	119,4	82,2	0,393	0,271	0,477
37,5	113,4	91,2	0,373	0,301	0,479
42,9	108,2	105,0	0,357	0,347	0,497

Fig. 35 bis 38: Ebene Platten von verschiedenem Seitenverhältnis.

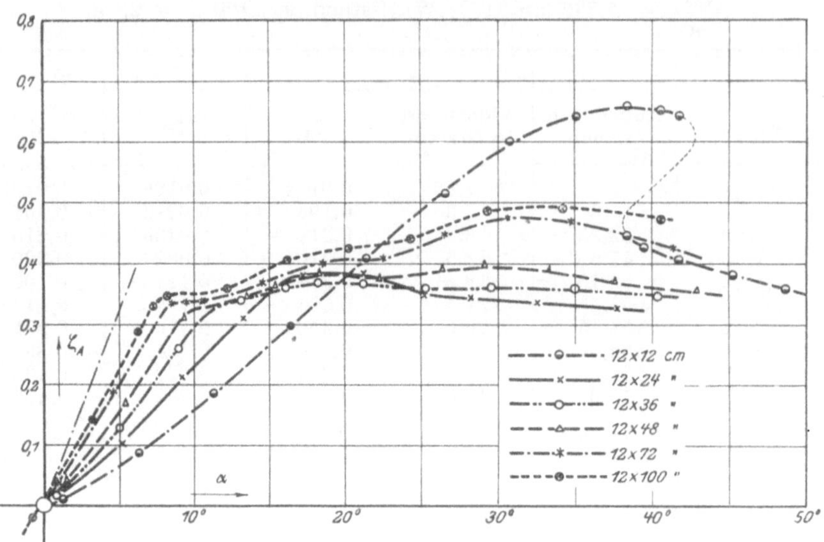

Fig. 35.

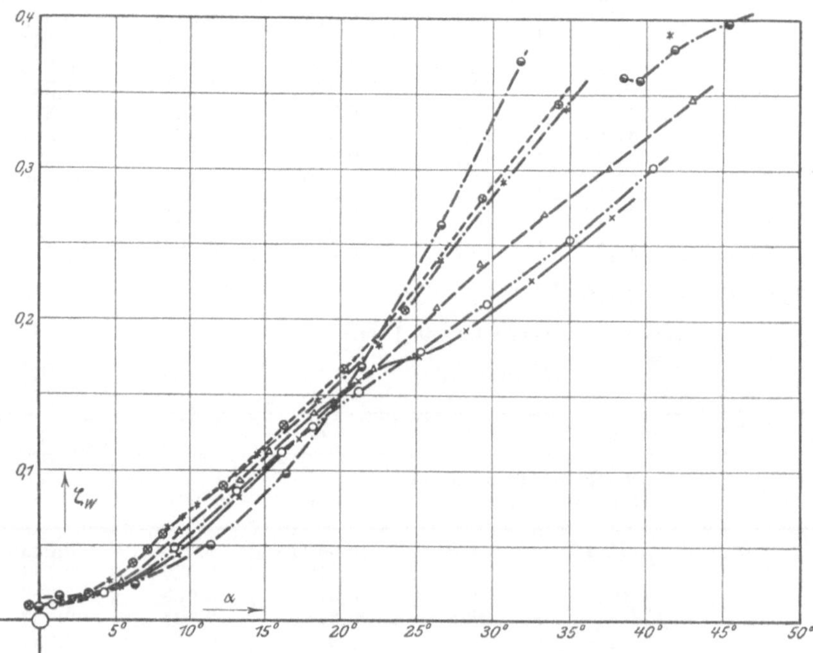

Fig. 36.

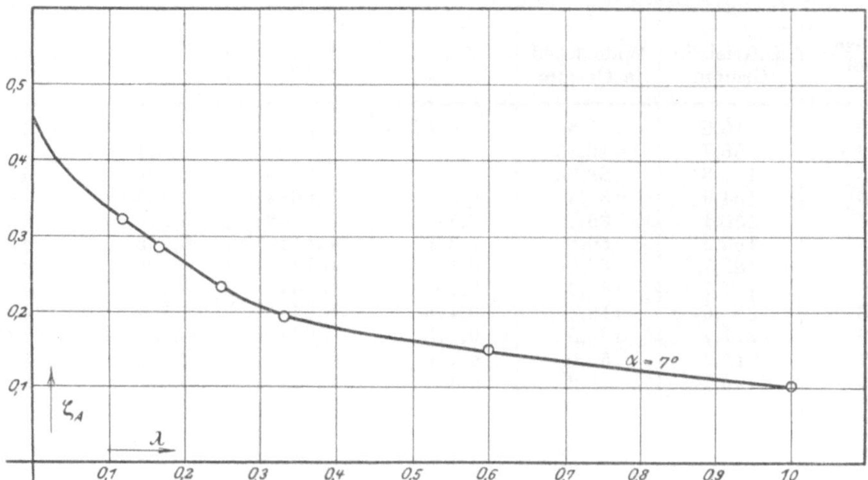

Fig. 37. (λ = Seitenverhältnis.)
Extrapolation auf die unendlich breite Platte.

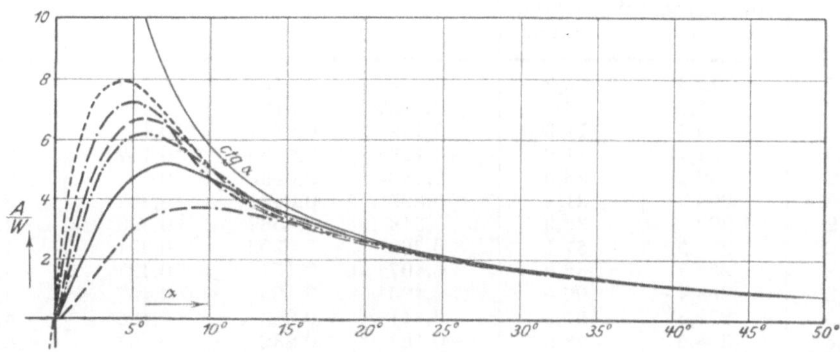

Fig. 38.

25. Oktober 1910.

Ebene Platte $12{,}15 \times 72{,}1$ cm;

$$\frac{\gamma\, v^2}{g} = 5{,}232 \text{ mm } H_2O.$$

1	2	3	4	5	6	7
Neigungs-winkel α	Auftrieb in Gramm	Widerstand in Gramm	ζ_A	ζ_W	ζ	s in cm
+ 0,9	16,6	5,65	0,0361	0,0123	0,0381	+ 1,78
4,6	86,7	12,15	0,189	0,0265	0,191	2,92
8,5	152,8	28,35	0,333	0,0618	0,339	4,23
9,5	154,9	31,4	0,338	0,0684	0,345	4,47
10,5	156,1	35,15	0,340	0,0768	0,348	4,51
14,5	169,5	50,8	0,369	0,111	0,385	4,70
18,5	183,7	67,6	0,400	0,147	0,426	4,80
22,5	187,7	84,3	0,409	0,184	0,448	4,70
26,5	205,6	110,3	0,448	0,240	0,507	4,83
30,6	217,7	134,5	0,475	0,293	0,557	4,92
34,7	215,2	156,0	0,469	0,340	0,579	5,11
41,4	196,1	179,2	0,427	0,390	0,578	5,22

26. und 27. Oktober 1910.

Ebene Platte $12{,}08 \times 100$ cm;

$$\frac{\gamma\, v^2}{g} = 5{,}232 \text{ mm } H_2O.$$

1	2	3	4	5	6	7
α	Auftrieb in Gramm	Widerstand in Gramm	ζ_A	ζ_W	ζ	s
— 0,7	— 13,8	6,8	— 0,0218	0,0107	0,0243	—
0,0	+. 3,6	6,4	+ 0,0057	0,0101	0,0116	—
3,2	89,7	11,9	0,142	0,0188	0,143	2,84
3,3	92,7	11,9	0,146	0,0188	0,147	2,90
6,2	182,2	25,0	0,288	0,0395	0,291	3,49
7,2	208	31,1	0,329	0,0481	0,332	3,94
8,2	220	36,9	0,348	0,0582	0,353	4,22
12,2	227,5	57,1	0,360	0,0902	0,371	4,81
16,2	257,7	82,8	0,407	0,131	0,427	4,90
20,2	268,7	106	0,425	0,168	0,457	4,78
24,3	279,3	131,8	0,441	0,208	0,488	4,74
29,3	308,5	178,5	0,487	0,282	0,563	4,98
34,2	310,8	218,4	0,490	0,345	0,599	5,13
40,6	299	262	0,473	0,414	0,630	5,28

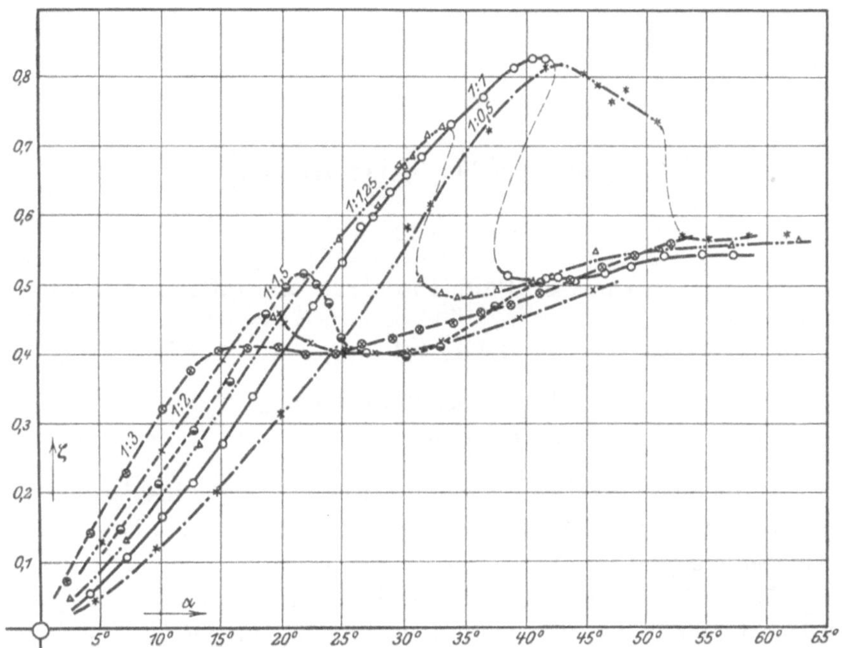

Fig. 39. Messungen an ebenen 35 cm tiefen Platten.
(Die Ordinaten stellen die Koeffizienten der resultierenden Kraft dar.)

NB! Diese Kurventafel ist zum erstenmal im April 1910 in Heft 8 der „Zeitschr. für Motorluftschiffahrt" veröffentlicht worden. Bei der Bestimmung der Windgeschwindigkeit ist mir damals ein Fehler unterlaufen, so daß die ζ-Werte um etwa 10 % zu hoch ausgefallen sind. Durch entsprechende Veränderung des Maßstabes für die ζ-Werte ist in der hier vorliegenden Figur der damals begangene Fehler aufgehoben worden.

Über Luftschiffmotoren.

Von

Direktor **Paul Daimler**-Cannstatt.

E i n t e i l u n g.

A. Luftschiff-Motoren.

B. Flugzeug-Motoren.

Diese Einteilung hat zurzeit eine gewisse Berechtigung insofern, als ein seither typischer Unterschied wohl nicht mit Unrecht darin bestanden hat, daß man unter Luftschiffmotoren solche Motoren versteht, die mehr auf Dauerleistung und weniger auf geringstes Gewicht konstruiert gelten konnten als die Flugzeugmotoren; es wird sich jedoch allmählich diese Trennung beider Typen verwischen, da die letztere Gruppe mindestens mit derselben Berechtigung als Dauermotoren konstruiert werden muß wie die erstere, um so mehr, je höher die Anforderungen an die Motoren gestellt werden, die mit der Vervollkommnung der Flugzeuge sich steigern. Es wird diese seither gebräuchliche Trennung der Einteilung in Zukunft nur noch insofern Berechtigung haben, als man unter A. Motoren hoher Leistungen etwa über 120 PS, pro Aggregat und unter B. Motoren niedriger Leistung etwa bis 120 PS versteht, d. h. eine Einteilung rein nach dem K r a f t b e d a r f und nicht mehr nach der konstruktiven Eigenart der einzelnen Gruppen. Der Kraftbedarf kann ja ohne weiteres bei den Luftschiffen, d. h. Flugzeugen „leichter als die Luft", als ein zur erreichten Geschwindigkeit verhältnismäßig s e h r h o h e r angesprochen werden gegenüber dem Kraftbedarf bei Flugzeugen „schwerer als die Luft".

Aus dem Folgenden wird auch von selbst hervorgehen, daß eine eigentliche Berechtigung einer anderen Begründung der Trennung dieser beiden Gruppen kaum aufrecht erhalten werden kann; da, wo in beiden Fällen dieselben Kräfte erforderlich sind, wird sich wohl auch für beide Zwecke ein und dieselbe Motortype verwenden lassen, umsomehr, als die Forderungen, die an beide Motorgruppen gestellt werden, sich alsdann vollständig decken.

A. Luftschiffmotoren.

An diese Motoren werden, wie schon eingangs erwähnt nur teilweise mit gewisser Berechtigung, etwa folgende Anforderungen gestellt:

Höchstmögliche Eignung für Dauerbetrieb bei geringem Eigengewicht, verbunden mit möglichster Zugänglichkeit aller empfindlichen Teile (z. B. Ventile, Magnet, Kühlwasserpumpe) zwecks Auswechslung oder Ersatz. Die Folge war, daß bisher weniger darauf gesehen wurde, diese Nebenapparate so unterzubringen, daß dieselben der Luft möglichst wenig Widerstand boten, eher wurde und wird noch hierbei etwas verschwenderisch mit dem Platz umgegangen, um die Kontrollierbarkeit, Demontierbarkeit usw. dieser Apparate zu sichern; die geringere Rücksichtnahme auf den Luftwiderstand hat wohl eine gewisse Berechtigung und ist wohl auch dadurch bedingt, daß diese Motoren meist in eine Gondel eingebaut werden. Doch auch hier ist meiner Ansicht nach das Gegebene, jede seitliche Ausladung, ebenso wie bei Flugzeugmotoren, zu vermeiden, wenn auch nur, um seitlich möglichst an Platz zu sparen, um das Passieren am Motor vorbei zu erleichtern; auch wird weitaus in den meisten Fällen eher am vorderen oder hinteren Ende des Motors Platz übrig sein als gerade seitlich desselben.

In vielen Fällen und besonders bei größerem Kraftbedarf wird eine Unterteilung der Kraft auf Einzelaggregate sich empfehlen; durch diese Unterteilung erhöht sich wesentlich die Betriebssicherheit; auch werden dadurch die einzelnen Aggregate nicht zu groß und umfangreich, so daß die Ingangsetzung von Hand keine besonderen Schwierigkeiten bietet.

Bei größeren Einzelaggregaten etwa über 150 PS dürften sich Anlaßvorrichtungen empfehlen, die nicht erheblich ins Gewicht fallen im Vergleich zur ganzen Anlage; z. B. habe ich die 240-PS-8-Zylinder-Maschinen für das Schütte-Luftschiff mit einer derartigen Vorrichtung versehen lassen, die samt Handzündapparat nur ca. 9—10 kg wiegt; das Gemisch wird durch eine Handgemischpumpe bei entsprechender Einstellung des Motors 2 Zylindern zugeführt und alsdann mittels eines Handzündapparats entzündet.

Die Zuführung des Gemisches zu sämtlichen Zylindern gibt etwas komplizierte Rohrleitungen, hat jedoch den Vorteil, daß der Motor sofort ohne besondere Einstellung aus jeder Stellung angelassen werden kann.

Das Gewicht dieser Art von Motoren schwankt etwa zwischen 3,0—3,6 kg pro PS, wobei die einzelnen Teile des Motors für Dauerbetrieb genügend reichlich dimensioniert erscheinen.

Der Verbrauch ist auf 220—225 g garantiert herunterzubringen; es wird dieser geringe Verbrauch hauptsächlich durch möglichste Verkleinerung der Oberfläche des Explosionsraumes erreicht neben günstiger Dimensionierung der Zu- und Abgangskanäle und der Ventile und durch zweckentsprechende Anordnung und Verteilung der letzteren.

B. Flugzeugmotoren.

Bei diesen Motoren wird noch in erhöhterem Maße wie bei den Luftschiffmotoren als erste Anforderung geltend gemacht: möglichst geringes Eigengewicht; und fast ebenso wesentlich und berechtigt ist die Forderung möglichst günstiger Unterbringung der Nebenapparate, wie Zündapparat, Ölpumpe, Kühlwasserpumpe, Vergaser, und im Zusammenhang mit beiden Forderungen ergibt sich der geringste Raumbedarf sozusagen als natürliche Folge von selbst.

Die erste Forderung „möglichst geringes Eigengewicht" wird auf mannigfache Weise zu erreichen gesucht: durch Verwendung nicht wassergekühlter, sondern nur luftgekühlter Motoren. Bei diesen lassen sich wohl nach der Art dieser Luftkühlung zweierlei charakteristische Typen unterscheiden: Motoren mit f e s t s t e h e n d e n Z y l i n d e r n , die teils durch Luftstrom, den der Propeller erzeugt, bzw. durch die Fahrgeschwindigkeit gekühlt werden, teils durch nebenher noch künstlich erzeugten Luftstrom (durch Ventilatoren oder Kapselgebläse), wobei gleichzeitig die Luft den Zylindern durch eine entsprechende Ummantelung oder Einkapselung zugeführt wird; Motoren mit r o t i e r e n d e n Z y l i n d e r n ; diese werden teils durch den Luftstrom des Propellers, der Fahrgeschwindigkeit und nebenher noch durch die bei der Rotation der Zylinder seitliche Bewegung durch die Luft gekühlt.

Diese Gewichtsersparnis bei den nur luftgekühlten Motoren halte ich aber nur für eine scheinbare; denn diese wird durch verschiedene Umstände wieder ausgeglichen, wenn nicht sogar vollständig illusorisch gemacht. Zunächst brauchen diese Motoren verhältnismäßig viel Öl, was einerseits damit zusammenhängt, daß die Laufflächen der Kolben und infolgedessen die ganze Maschine sich viel mehr erwärmen, andererseits damit, daß bei rotierenden Zylindern viel mehr Öl hinter die Kolben tritt und dort unverbraucht verbrennt oder wohl noch zum größten Teil unverbraucht nach auße abgeschleudert wird. Weiterhin kann infolge der größeren Gesamterwärmung der Zylinder die Füllung und damit der mittlere Druck nicht dauernd die konstante Höhe behalten, so daß die Leistung nicht mehr in so günstigem Verhältnis zum gesamten Saugvolumen des Motors steht wie beim wassergekühlten; das bedeutet ebenfalls eine Erhöhung des Eigengewichtes — d. h. pro PS eff. Leistung muß die Maschine entsprechend größer dimensioniert werden — und vor allem einen erhöhten Benzinverbrauch; ich neige sogar der Ansicht zu, daß diese Maschinen teilweise mit Benzin gekühlt werden. Berücksichtigt man diese beiden Tatsachen und rechnet sich den Verbrauch von Öl und Benzin für einen Dauerflug heraus, so ist man meist überrascht, welches Mehrgewicht dabei allein für diese beiden Materialien bei einem mehrstündigen Flug herauskommt. Der Wegfall des Kühlers sowie der Leitungen für Kühlwasser ist ein wesentliches Moment zugunsten dieser Motoren, da nur allzu leicht bei nicht ganz zweckmäßiger Montage und Kontrolle in diesen Teilen die Ursachen von Störungen und Pannen zu suchen sind.

Zugunsten der luftgekühlten Motoren möchte ich noch weiter anführen (und halte ich dieses letztere Moment für eine Hauptursache ihrer bisher verhältnismäßig raschen Verbreitung für Flugzwecke): es lassen diese Motoren einen verhältnismäßig schnellen und günstigen Start zu; dies hängt damit zusammen, daß deren Leistung bei Start, d. h. in kaltem Zustand, verhältnismäßig eine viel höhere ist als nach einiger Zeit des Betriebes, nachdem der Flugapparat sich in die Luft erhoben hat, wobei dann nicht mehr diese Anfangsleistung des Motors nötig ist, um den Apparat in der Luft zu halten. Eben dies wird für die Zukunft wohl die Ursache sein, daß für hohe Anforderungen d. h. lange Dauerflüge, Geschwindigkeitsflüge, diese Art von Motoren mehr in den Hintergrund treten wird, ganz abgesehen davon, daß bei größeren und stärkeren Maschinen diese Verhältnisse sich noch weit ungünstiger fühlbar machen.

Als zweite Hauptgruppe sind die wassergekühlten Flugzeugmotoren zu nennen, als deren ausschließlicher Nachteil und zugleich wieder, wie in nachfolgendem gezeigt wird, großer Vorteil die Wasserkühlung anzuführen ist, Nachteil insofern, als dieselbe gegebenenfalls alle die Übelstände, die am Kühlapparat samt seinen Rohrleitungen und Anschlüssen möglich sind, mit sich bringen kann; V o r t e i l e insofern, als diese wassergekühlten Motoren — verglichen mit den nur luftgekühlten — einen sehr günstigen Öl- und Benzinverbrauch aufweisen. Daß in bezug auf Benzinverbrauch noch andere Momente wesentlich mitsprechen, sei in folgendem ausgeführt:

Vor allem soll die (dem Kühlwasser ausgesetzte) Oberfläche des Verbrennungsraumes im Verhältnis zum Saugvolumen eine möglichst kleine sein; dies wird durch entsprechende Anordnung der Ventile (von oben oder etwas schräg liegend) erreicht. (Ich werde wohl nicht fehl gehen, wenn ich sage, daß zwischen Oberfläche der Explosionskammer und den Verbrauchsziffern des Brennstoffes sich eine gewisse Beziehung ableiten läßt.) Wohl ebenso wesentlich ist es, ein günstiges Verhältnis der Durchgangsquerschnitte von Saug- und Auspuffleitung und Ventildurchgang gegenseitig als auch im Verhältnis zum ganzen Saugvolumen herzustellen. Hier erweist sich für Flugzeugmotoren bis jetzt sehr günstig, daß der Auspuff fast ungehemmt ins Freie tritt, wodurch die eff. Leistung gegenüber Luftschiffmotoren, die gedämpften oder sogar wassergekühlten Auspuff haben, noch wesentlich gesteigert erscheint. Ich neige nun allerdings der Ansicht zu, daß es, wenn man den derzeitigen Stand der Flugtechnik ins Auge faßt, nun an der Zeit wäre, auch einmal sich den Luxus eines sehr gut dämpfenden Auspufftopfes zu gestatten, so daß der Flug ein möglichst geräuschloser wird, was ja doch insbesondere auch für Militärflugzeuge sicher von Bedeutung wäre; man hört dann nicht schon meilenweit das Geknatter des Motors, je nach der Windrichtung, lange ehe das Flugzeug in Sicht kommt. Es ließe sich hier mit wenig Mehrgewicht viel erreichen bei Verwendung zweckmäßigen Materials und entsprechend leichter Konstruktion insbesondere auch der Verbindungen und Rohranschlüsse. Diese Dämpfung des Auspuffs ist allerdings nur bei Motoren mit feststehenden Zylindern möglich, zum wenigsten aber bei Rotationsmaschinen mit ziemlichen Schwierigkeiten verbunden.

Anschließend hieran möchte ich über den Einbau der Motoren im Flugzeug noch einige Gesichtspunkte anführen, die mir sehr der Beachtung wert scheinen.

Mit wenigen Ausnahmen und insbesondere bei Eindeckern ist dem Flugzeugführer die freie Übersicht nach vorn in der Mitte vollständig verbaut, er sieht direkt vor sich nichts als den Himmel und nur bei ziemlich steiler Landung oder Senkung des Fluges in ziemlicher Entfernung den Boden vor sich; beim Landen selbst verdeckt sich dieser Ausblick direkt auf die Landestelle wieder mit der Hebung des Flugzeugs, so daß gerade in diesem meist wohl kritischen Moment die Übersicht wieder behindert wird. Im Wege sind die Zylinder des stehenden Motors, dann der Kühler, der wohl aus besonderen Gründen und nicht mit Unrecht möglichst hoch gelegt würde. Dazu kommt, daß der Sitz des Führers wegen der möglichsten Tieflegung des ganzen Schwerpunktes gegenüber den Tragflächen ebenfalls möglichst tief liegt. Warum wird, um diesem großen Übelstand abzuhelfen, der Motor nicht anstatt stehend h ä n g e n d eingebaut? Durch diese Anordnung des Motors würde der Durchblick über der Propellerwelle vollständig frei. (Der schnell rotierende Propeller gilt ja wohl als durchsichtig.)

Der meist hochgestellte Kühlapparat könnte auch verschwinden, und würde der Schwerpunkt der Konstruktion hierdurch w e s e n t l i c h   t i e f e r kommen, so daß, wenn man dies letztere Moment wieder ausnützen will, man bei gleicher Stabilität des ganzen Apparates wie früher jetzt noch in der Lage wäre, den Führersitz etwas höher zu legen.

Würde bei dieser Anordnung des Motors im Flugzeug der Propeller noch mit einer direkten Zahnradübersetzung angetrieben, so würde sich der Schwerpunkt nochmals zugunsten der Stabilität verschieben. Ein Antrieb mit Kette erscheint mir mit Rücksicht auf die auch hierbei sehr günstige Lage des Schwerpunktes gar nicht zu verachten und würde die Lage des Schwerpunktes noch mehr verbessern; bei einem Bruch der Kette könnte ja immer noch im Gleitflug gelandet werden, und darf ja wohl das Versagen des Antriebs oder Motors zukünftig möglichst kein Verunglücken des Apparates zur Folge haben, umsoweniger, als durch diese Zwischenglieder eine so günstige Lage des Schwerpunktes erzielt wird.

Auf dem Pariser Fliegersalon habe ich letztes Jahr einen Versuch in dieser Richtung gesehen; derselbe scheint aber bis jetzt nicht in die Praxis übergegangen zu sein. Die Schwierigkeiten, die in dieser Stellung des Motors liegen, liegen ja nur in der Schmierung, und diese lassen sich sicher ohne allzu große Umstände beheben.

In jeder anderen Beziehung kann diese Lage des Motors nur günstig sein (je nach Anschauung auch in bezug auf die Schmierung), z. B. hinsichtlich der Lage der Ventile des Zuflusses des Brennstoffes (der letztere kann in diesem Fall selbsttätig zufließen, und Druck ist nur zur weiteren Sicherheit darauf zu geben), teilweiser oder ganz selbsttätiger Zirkulation des Kühlwassers, möglichster Tieflegung auch sämtlicher Nebenapparate usw. Sinngemäß würden diese Gesichtspunkte sich wohl auch auf den Doppeldecker anwenden lassen.

Das Gewicht betreffend, stehen somit wassergekühlte Motoren den luftgekühlten — insbesondere wenn eine maximale Dauerleistung in Frage kommt — kaum nach, und läßt sich das Gewicht ja auch noch reduzieren, z. B. durch Verwendung von Stahlzylindern, durch aufgesetzte oder aufgalvanisierte Wassermäntel.

Der Vorteil dieser beiden Hilfsmittel ist jedoch nicht mehr bedeutend, da viele Gießereien heute einen vorzüglichen und dabei so dünnwandigen Guß liefern, daß schon mit diesem Material geringstes Gewicht zu erreichen ist; zudem hat man den großen Vorteil, daß man es mit einem für Zylindermäntel und Kolben schon altbewährten bestgeeigneten Material zu tun hat.

Die Weiterentwickelung der astronomischen Navigation im Luftschiff.

Soweit es die vorhandenen Mittel und der Verwendungszweck der Parseval-Luftschiffe zuließen, ist auch im verflossenen Berichtsjahre an der Weiterentwickelung der Luftschiffnavigation gearbeitet worden. Besondere Aufmerksamkeit wurde dem Einbau der Kompasse sowie deren Regulierung zugewandt. Es ist mehrfach vorgekommen, daß Luftschiffe bei eintretendem Nebel gezwungen wurden, zu landen bzw. in sehr niedrigen Höhen zu fahren, nur weil der Führer zu seinem Kompaß kein Vertrauen haben konnte. Bei den P-Schiffen wurde von der alten Aufhängungsart des Kompasses in der Takelage abgegangen. Die Erschütterungen der Gondel bei den neueren Schiffen sind jetzt so gering, daß der Einbau des Kompasses direkt vor dem Stand des Steurers erfolgen konnte. Durch die Nähe der Eisenmassen der Gondel wurde jedoch eine Kompensation der Kompasse nötig. Zu diesem Zwecke wurden sowohl in Bitterfeld als auch in Johannisthal die magnetischen N—S- und O—W-Richtungen festgelegt. In Bitterfeld geschah dies auf astronomischem Wege, in Johannisthal unter Zuhilfenahme eines Kompasses. Die Kompensation der Kompasse gestaltet sich jetzt sehr einfach, und soll im nachstehenden kurz beschrieben werden. Während bei der früheren Art der Kompaßmontierung die zur Kompensation nötigen Magnete oberhalb der Kompaßrose angebracht werden mußten, sind jetzt die Kompensationsmagnete, ähnlich wie bei den Seeschiffen in Rahmen, welche an einer Rotgußstange auf- und niedergeschoben werden können, unterhalb des Kompaß gelagert. Zur Erkennung ihrer magnetischen Pole ist das Nordende der Magnete mit einem roten, das Südende mit einem schwarzen Anstrich versehen.

Zur Kompensation wird das Luftschiff zuerst genau in die N—S-Linie, mit dem vorderen Ende der Gondel nach Norden, gebracht. Hierbei ist zu beachten, daß nicht nur der Kopf der Gondel nach Norden zeigt, sondern, daß die gesamte Mittellinie der Gondel in der N—S-Richtung liegt. Der Kompaß wird nun wahrscheinlich nicht genau N zeigen, sondern entweder nach Osten oder nach Westen abgelenkt werden. Angenommen der Kompaß zeige N z O an. Es ist dies ein Zeichen dafür, daß das Nordende der Magnetnadel um einen Strich zu weit nach Westen zeigt. Zur Beseitigung des Fehlers lege man einen Magneten querschiffs, also senkrecht zur Gondelachse, mit dem roten Ende des Magnets nach Backbord (links) ein. Das Zusammenliegen der beiden gleichnamigen Pole der Rosenmagnete und des Kompensationsmagnets wird eine Abstoßung des Nordendes der Nadel zur Folge haben, die Rose also nach Steuerbord oder nach Osten drängen. Man nähert nun den verschiebbaren Rahmen mit dem eingelegten Magneten so lange der Rose, bis genau Norden anliegt. Hierbei vermeide man, zu nahe der Rose zu kommen, und lege lieber noch einen zweiten oder mehrere Magnete ein, wenn der eine nicht genügende Berichtigung der Rose herbeiführt. Liegt genau Nord an, so stelle man durch die Feststellschraube den Magnetrahmen fest. Hierauf drehe man das Schiff um 180°, so daß der Kopf der Gondel nach Süden zeigt. Liegt nun genau Süd am Kompaß an, so ist die Kompensation der N—S-Richtung beendet. Liegt nicht genau Süd an, sondern z. B. S¼O, so ist diesmal nur der halbe Fehler durch Verschieben des Magnetrahmens zu beseitigen, da bei Beseitigung des ganzen Fehlers derselbe Fehler wieder auf Nordkurs erscheinen würde. Der zurückbleibende kleine Fehler muß mit in Kauf genommen werden. Hätte beim Anliegen des Schiffes auf N-Kurs die Rose eine östliche Ablenkung gezeigt, also N z W angelegen, so hätte der Magnet mit dem schwarzen Ende nach Backbord (links) eingelegt werden müssen. Die ungleichnamigen Pole hätten sich angezogen. Sonst wäre das ganze Verfahren genau so geblieben. Hiernach wird das Schiff genau in die Ost-West-Linie gebracht. Zeigt nun wiederum die Rose eine Ablenkung, also z. B. O zu S an, so ist dies wie folgt zu berichtigen. In den zweite Magnetrahmen ist der Magnet längsschiffs, also in Richtung der Gondelachse, mit dem Nordende (rot) nach hinten einzulegen. Der rote Nordpol wird den gleichnamigen Pol der Magnetnadel abstoßen und dadurch die Rose nach rechts drängen. Die Verschiebung ist wiederum so lange fortzusetzen, bis genau Ost anliegt. Zur Kontrolle wird darauf das Schiff mit dem Kopf nach Westen gebracht und der nun eventuell wiederum auftretende Fehler, genau wie bei der N—S-Kompensation, zur Hälfte beseitigt. Die Kompensation der halbkreisförmigen Deviation wäre hiermit beendet. Die Höhenlage der beiden Magnetrahmen markiere man durch einen Strich an der Rotgußstange, um bei einer neuen Montierung des Schiffes die richtige Lage der Magnete ohne Neukompensation einstellen zu können. Will man nun genau wissen, wie groß der Fehler der auf den einzelnen Striche ist, so hat sich an die Kompensation eine Deviationsbestimmung anzuschließen. Diese läßt sich leicht mit den vorhandenen Mitteln ausführen. Man läßt das Schiff langsam auf der Stelle drehen und peilt gleichzeitig eine der entfernt liegenden Kompensationsmarken, wenn ein voller Strich anliegt. Die Differenz zwischen der magnetischen Richtung der Kompensationsmarke und der Peilung des Kompasses ergibt die Deviation des anliegenden Striches. Liegt z. B. das Schiff NO zu N an, die Peilung der entfernten mißweisenden Nordmarke ergibt aber N¼O, so hat der Kompaß auf dem anliegenden Strich ¼ Strich Deviation. Das Vorzeichen dieser Deviation ergibt sich aus folgender Regel: Muß ich, vom Mittelpunkt der Rose aus betrachtet, von meiner Kompaßpeilung rechts herumgehen, um die magnetische Richtung der Marke zu erhalten, so ist die Deviation +, links herum —. Im vorliegenden Falle wäre also die Deviation minus. Stellt sich bei der Deviationsbestimmung heraus, daß die Deviation auf den Interkardinalstrichen NO, SO, SW und NW große Werte erreicht, so ist dies ein Zeichen dafür, daß der Kompaß noch eine ziemlich große quadrantale (viertelkreisförmige) Deviation besitzt, welche durch Lagerung von weichen Eisenkugeln zu beiden Seiten des Kompasses beseitigt werden kann. Im vorstehenden sind nur die ganz allgemeinen mechanischen Arbeiten für die Berichtigung des Luftschiffkompasses gegeben, welche es auch dem Nichtfachmann ermöglichen sollen, eine Kompensation durchzuführen.

Wenn nun auch durch vorstehende Mittel dem Luftschifführer die Möglichkeit gegeben ist, seine Kurse magnetisch richtig zu steuern, so bleibt doch noch die Hauptaufgabe zu lösen: die Navigierung des Luftschiffes unter allen Umständen bei Tage und bei Nacht zu sichern. Bei Tage ist ja die Orientierung immerhin noch sehr leicht, und die vorhandenen Navigationsmittel werden noch nicht die Genauigkeit der Orientierung nach Landmarken, Schienengeleisen, Flußläufen usw. ersetzen können. Aber bald wird die Konstruktion und Betriebssicherheit der Luftschiffe sich so vervollkommnet haben, daß der Aktionsradius ein bedeutend größerer sein wird als bisher und Gebiete überflogen werden müssen, wo die Orientierung nach den Landmarken versagt. Schon jetzt würde der Luftschifführer bei ungünstigem Wetter unter Umständen vorziehen, lieber während der Nacht in der Luft zu bleiben, als in unbekanntem Gelände ohne Halle und Mannschaften versuchen, schlechtes Wetter vor Anker auf freiem Felde abzuwettern, wenn ihm die Möglichkeit gegeben sein würde, sich dauernd zu orientieren.

Die bisherigen Hilfsmittel, welche dem Luftschifführer zur Bestimmung seines Schiffsorts zur Verfügung standen, setzten immerhin ein erhebliches Maß von astronomischen Kenntnissen voraus. Hauptsächlich hieran wird es gelegen haben, daß die in unserem vorigen Jahrbuche beschriebenen Hilfsmittel der astronomischen Navigation nicht mehr zur Anwendung gelangt sind. Ein weiterer Umstand, welcher die Einführung genannter Methoden erschwerte, war die Notwendigkeit einer immerhin angenäherten Kenntnis des Ballonorts (gegißtes Besteck), welches den Berechnungen zugrunde gelegt werden mußte. Durch die Erwerbung eines Patents des Herrn O. V o i g t glaubt nunmehr die M. St. G. der Luftschiffahrt ein Mittel gegeben zu haben, welches den Ansprüchen, die an eine astronomische Luftschiffnavigation gestellt werden können, in hervorragender Weise genügt. Es lag der M. St. G. daran, einen Apparat zu fördern, welcher ohne Kenntnis des angenäherten Ballonortes es auch dem Nichtfachmann gestattet, bei Nacht ohne vieles Rechnen rein mechanisch seinen Ballonort zu bestimmen. Wohl bekannt war ihr, daß kleinere Fehler in der Genauigkeit des Bestecks in Kauf genommen werden mußten, welche aber innerhalb der Grenzen von wenigen Kilometern liegen und somit für die praktische Navigation völlig belanglos sind. Der Apparat gestattet nach einem sehr einfachen Verfahren die Konstruktion von Standlinien nach der schon lange in der Nautik bekannten Methode von M a r c q S a i n t H i l a i r e in einer für die Aeronautik brauchbaren Weise. Das Instrument ist äußerst handlich und bequem, und der Gebrauch des Apparats kann nach kurzer Unterweisung durch jedermann erlernt werden. Außer ganz oberflächlicher Kenntnis des Sternhimmels, die durch eine einfache Sternkarte, welche mit einer übersichtlichen Tabelle dem Instrument beigegeben ist, sehr erleichtert wird, und einiger Übung im Messen von Höhenwinkeln der Gestirne sind keine weiteren Vorkenntnisse notwendig. Die Erfahrungen, welche bisher seitens der M. St. G. mit dem Apparat gemacht worden sind, sind zur vollsten Zufriedenheit ausgefallen. Ehe wir nun zur Beschreibung des Instruments übergehen, sollen kurz die Erfahrungen der M. St. G., welche bei den Erprobungen des Apparats gemacht worden sind, mitgeteilt werden. Zwei besonders markante Freiballonfahrten seien hier erwähnt.

Im ersten Falle handelt es sich um eine Fahrt von Bitterfeld nach Jena. Der Ballon „Bitterfeld" vom „Verein für Luftschiffahrt Bitterfeld und Umgebung" stieg morgens gegen 9 h hei nördlichen Winden auf. Nach einer sehr schönen Fahrt während des Tages wurde beim Dunkelwerden beschlossen, während der Nacht durchzufahren. Nach Eintritt völliger Dunkelheit stand der Ballon in der Nähe von Greiz, als plötzlich dicker Nebel eintrat. Es wurden nun fleißig astronomische Ortsbestimmungen angestellt, welche ein langsames Weiterfliegen des Ballons nach Süden bis zur ungefähren Breite von Plauen zeigten. Weitere Beobachtungen ergaben dann ein plötzliches Drehen des Windes um fast 180⁰. Der Ballon bewegte sich langsam nach Norden. Mit dem Hellwerden wurde dann sehr glatt in der Nähe von Jena gelandet. Wenn auch in diesem Falle eine Gefährdung des Ballons durch die plötzliche Drehung des Windes nicht vorlag, so hätte doch in der Nähe der Küste die unbemerkt gebliebene Drehung des Windes leicht zu unangenehmen Überraschungen führen können. Ferner kann ich wohl sagen, daß die genaue Kenntnis des Ballonkurses eine ruhige Sicherheit aufkommen ließ, die bei sonstigen Fahrten über den Wolken nicht vorhanden ist und den Ballonführer dauernd im Zweifel läßt, ob es nicht doch geraten sei, zur Orientierung herunter zu gehen und durch den hierbei nötigen Gasverlust zur Verkürzung der Fahrt beizutragen. Eine zweite Fahrt wurde mit dem „D. A. K. II" des Kaiserlichen Aeroklubs ausgeführt. Die Fahrt nahm wiederum ihren Anfang in Bitterfeld und führte bei ziemlich heftigen SSO-Winden zur Küste. Der Aufstieg erfolgte gegen 11 h nachts. Durch Vornahme der astronomischen Ortsbestimmungen konnte der Kurs des Ballons festgelegt werden. Gegen zwei Uhr morgens befand sich der Ballon zwischen Hamburg und Bremen. Durch eine weitere Ortsbestimmung in der Höhe von Bremervörde gewarnt, konnte der Ballon noch in aller Ruhe klar gemacht werden zur Landung, welche mit Anbruch der Dämmerung bei Wulsdorf in der Nähe von Bremerhafen erfolgte. Von der Weser bzw. Nordsee war bei dem dunstigen Wetter, welches herrschte, nichts zu sehen, und wurde in diesem Falle durch die rechtzeitige Erkenntnis der Landungsnotwendigkeit zum mindesten eine plötzliche, unvorbereitete Landung beim Sichten des Wassers und damit der eventuelle Verlust wertvoller Instrumente bzw. ein Hinaustreiben auf die Nordsee vermieden. Erfahrungen im Luftschiff liegen bisher, wegen mangelnder Gelegenheit von Beobachtungen während Nachtfahrten, noch nicht vor, doch ist nicht zu zweifeln, daß das Instrument auch hier sich bewähren wird. Es folge nun eine kurze Erklärung des Verfahrens, Beschreibung und Handhabung des Instruments.

Der Apparat „Orion" beruht auf dem schon lange in der Nautik verwandten Standlinienverfahren des französischen Seeoffiziers M a r c q St. H i l a i r e.   Er ermöglicht ein graphisches Verfahren, welches gegenüber den bisherigen rechnerischen Methoden den Vorteil hat, bedeutend kürzere Zeit zu beanspruchen, und fernerhin durch die Wahl einer besonderen Kartenprojektion gestattet, die Linien gleicher Gestirnshöhe über große Strecken der Erdoberffäche zu zeichnen, ohne wie bei der Konstruktion der Standlinien in der Nautik an ein naheliegendes gegißtes Besteck gebunden zu sein.

Ganz kurz sei hier das Verfahren nach H i l a i r e erklärt. Zu jeder beliebigen Beobachtungszeit wird es einen Punkt der Erde geben, über welchem das Gestirn zur Zeit der Beobachtung im Zenit steht. Dieser Punkt wird in der Nautik der Erleuchtungspol genannt, weil er der Pol der Halbkugel der Erde ist, welche zu dieser Zeit von dem Gestirn beschienen wird. Zieht man nun Parallelkreise mit dem Erleuchtungspol als Mittelpunkt, so wird auf jedem dieser Kreise das Gestirn zur gleichen Zeit in gleicher Höhe gemessen werden. Die Kreise nennt man Kreise gleicher Höhe oder Erleuchtungskreise. Ein Beobachter, welcher ein Gestirn mißt, kann sich also nur auf einem Erleuchtungskreis befinden, welcher den Erleuchtungspol als Mittelpunkt und die Zenitdistanz (Komplement der Höhe) als sphärischen Radius besitzt. Auf jedem anderen Punkte außerhalb des Erleuchtungskreises müßte der Beobachter eine größere oder kleinere Höhe des Gestirns messen, je nachdem er sich näher oder entfernter vom Erleuchtungspol befindet. In einer Mercatorkarte, wie sie für die Schifffahrt benutzt wird, würde sich der Erleuchtungskreis nur als komplizierte Kurve einzeichnen lassen. Da hier aber das gegißte Besteck immer in der Nähe des wirklichen Schiffsorts liegen wird, ist es möglich, ein kleines Stück des Erleuchtungskreises als gerade Linie einzuzeichnen. Diese Linie führt den Namen Standlinie und ist als Tangente an den Erleuchtungskreis zu denken. Der Berührungspunkt der Standlinie, in dem sie den Erleuchtungskreis trifft, wird durch das Azimut des Gestirns angegeben. Nach der Höhenformel ist es nun leicht, zu jeder Zeit für einen Punkt auf der Erde die Höhe eines Gestirns zu berechnen. In der Nautik ist dieser Punkt das gegißte Besteck. Mißt der Beobachter nun gleichzeitig die Höhe eines Gestirns, und erhält er dieselbe beobachtete Höhe, welche seine Rechnung ergibt, so befindet er sich auf dem Erleuchtungskreis des Gestirns, welcher durch seinen Standort geht. Er kann also senkrecht zu seiner gleichfalls errechneten Azimutrichtung die Standlinie durch das gegißte Besteck ziehen. Mißt er einen gegen die errechnete Höhe größeren oder kleineren Winkelwert der Gestirnshöhe, so muß er sich auf einem zu seinem errechneten Erleuchtungskreis konzentrischen Kreise befinden. Je nachdem nun der Winkel größer oder kleiner ist, als seine für das gegißte Besteck errechnete Höhe, ergibt sich der tatsächliche Punkt, durch welche der Erleuchtungskreis zu ziehen ist, durch Abtragen der Höhendifferenz auf der Azimutlinie, und zwar, wenn die beobachtete Höhe größer ist, in der Richtung des Azimuts, also auf das Gestirn zu; ist die beobachtete Höhe kleiner, in umgekehrter Richtung des Azimuts, also von dem Gestirn ab. Wie aus vorstehendem zu ersehen, spielt die Genauigkeit des gegißten Bestecks eine große Rolle für die Verwendbarkeit der Methode. Da dieses aber in der Aeronautik nie so genau bekannt sein dürfte als in der Nautik, war die Methode nicht ohne weiteres für die Aeronautik zu verwenden. Bei dem Apparat „Orion" tritt nun an Stelle des gegißten Bestecks der Kartenmittelpunkt. Ferner wurde als Argument für den Eingang in die Höhentabelle „Sternzeit" statt Stundenwinkel, wie in der Nautik gebräuchlich, gewählt. Nur durch Einführung der Sternzeit wurde es möglich, jegliche Rechnung zu vermeiden. Da es ferner darauf ankam, einen großen Teil des Erleuchtungskreises einzuzeichnen, mußte auch eine besondere Kartenkonstruktion gewählt werden, welche die Einzeichnung gestattete. Gewählt wurde die „stereographische Kartenprojektion",

Die Karte entsteht durch Projektionsstrahlen, welche, von einem Punkte der Erde ausgehend, eine die Erdkugel in einem diametral gegenüberliegenden Punkte berührende Kartenebene treffen (siehe Fig. 1). Die besonderen Eigenschaften der Projektion sind folgende:

1. Alle Kreise der Erdoberfläche, welche durch den Ausgangspunkt der Projektionsstrahlen gehen, erscheinen als gerade Linien.

2. Diejenigen Kreise der Erdoberfläche, welche nicht durch den Ausgangspunkt der Projektionsstrahlen gehen, erscheinen als Kreise.

3. Alle Winkel der Erdoberfläche erscheinen richtig.

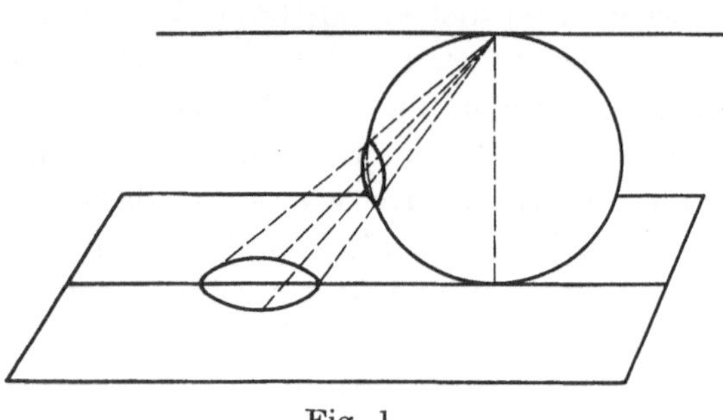

Fig. 1.

Die Projektion ergibt ein sehr anschauliches, getreues Bild der Erdoberfläche. Dank der Winkeltreue tritt keine Verzerrung der Umrisse ein. Die Herstellung der Karte ist eine sehr einfache, da Breitenparallele und Meridiane als Kreise erscheinen, deren Radien leicht errechnet werden können.

Der Apparat „Orion" selber besteht in seinen Hauptteilen aus einer Grundplatte mit eingelegter Karte, einem verschiebbaren Rahmen mit Kurvenlineal und dem Holzkasten. Fig. 2 zeigt das Instrument fertig zum Gebrauch. A ist die Grundplatte, welche an beiden Seiten mit Führungsleisten für den Rahmen versehen ist. Punkt B ist die Marke zum Einstellen des Azimuts. In der Mitte ist die Grundplatte kreisrund ausgedreht zur Lagerung der verschiedenen Karten. Eine sinnreiche Einrichtung gestattet ein leichtes Auswechseln der Karte. Die Kartenplatte selbst ist aus Zink gefertigt. Die Auftragung des Kartennetzes geschieht auf photographischem Wege. Zum Schutz gegen Witterungseinflüsse ist die Karte mit Zamponlack überzogen. Jedes Kartenblatt ist in zweifacher Ausfertigung hergestellt: einmal mit eingezeichneten Landkonturen (hauptsächlich für Freiballonfahrer zu empfehlen), einmal nur mit eingezeichnetem Gradnetz. Zur genauen Einstellung des Kurvenlineals ist der Mittelmeridian der Karte mit einer Teilung in Grade und Minuten versehen. Am Rand der Karte befindet sich die Azimutteilung, auf Grade genau angegeben. Zum leichteren Herausgreifen der Länge ist ferner am Rande eine Längenteilung angebracht. C ist der Rahmen mit dem Kurvenlineal. Der Rahmen gleitet zwangsläufig in den beiden Führungsleisten der Grundplatte. Die Auf- und Niederbewegung geschieht vermittels der beiden Rollen D′ und D″. In der Mitte des Rahmens befindet sich die Einstellskala für die der gemessenen Höhe entsprechenden Krümmung des Kurvenlineals, welche durch den Schneckenantrieb E eingestellt wird. In den Punkten F′ und F″ ist das Kurvenlineal lose gelagert. Die beiden Zapfen, welche bei G′ und G″ das Lineal angreifen, bewirken die Durchbiegung des Lineals. Die Eichung der Linealeinstellung ist an der Hand der für die verschiedenen Höhen errechneten Kreise empirisch erfolgt. Der ganze Apparat ist fest in einen Holzkasten gelagert, dessen Deckel, zur besseren Handhabung des Instruments beim Gebrauch, abgenommen

werden kann. Dem Instrument beigegeben ist eine Höhen- und Azimuttafel, berechnet für die Breiten 50⁰ und 55⁰ N. Die Höhen- und Azimutangaben sind für
Sternzeit von 10 zu 10 Minuten errechnet worden. Interpolationswerte sind von
Minute zu Minute gegeben. Bei starken Unterschieden der Höhenänderung innerhalb
10 Minuten sind die Höhen- und Azimutberechnungen auf 5 Minuten durchgeführt.

Fig. 2.

Eine vorgedruckte Anleitung erklärt den Gebrauch der Tafeln. Im Anhang befindet sich eine Sternkarte des nördlichen Sternenhimmels nebst Anweisung zur
Auffindung der einzelnen Sterne.

Das Arbeiten mit dem Apparat geht nun wie folgt vor sich:

Mit dem Libellenquadranten oder einem anderen Höhenwinkelinstrument
wird die Höhe zweier Gestirne gemessen, welche möglichst ein um 90⁰ verschiedenes

Azimut haben.*) Bei Auswahl der Gestirne vermeide man, wenn angängig, die Messung von Gestirnen, welche zu hoch stehen, weil dann die Fehler, welche durch die nicht genau vertikale Haltung des Instruments entstehen, sehr groß werden würden. Die Messung der Gestirne geschehe möglichst kurz hintereinander. Die Uhrzeit ist auf Sekunden genau zu notieren. Es sei z. B. um

7 h 3 m Sternzeit gemessen worden I. Stern Denebola zu 24⁰ 29′,
7 h 5 m   „   „   „   II. Stern Sirius   zu 24⁰ 1′.

Für die erste Sternzeit 7 h 3 m gibt die Tabelle für Denebola eine Höhe von 24⁰ 1,9′ und Azimut 275,1⁰.

Für die zweite Sternzeit 7 h 5 m gibt die Tabelle für Sirius eine Höhe von 23⁰ 12,1′ und Azimut 6,2⁰.

Die Differenz der gemessenen Denebola-Höhe gegen den Wert der Tabelle beträgt + 0⁰ 27′,1, die der Sirius-Höhe + 0⁰ 48′,1.

Die Auswertung mit dem Instrument hat nun wie folgt zu geschehen:

1. Die Karte wird mit ihrer Nullmarke dem Markierungsstrich auf der Grundplatte gegenübergestellt.

2. Kurvenlineal wird für die gemessene Höhe der Denebola 24⁰ 29′ eingestellt.

3. Rahmen mit Kurvenlineal verschieben, bis die Vorderkante des Kurvenlineals mit dem Wert + 0⁰ 27′,1 (Differenz zwischen beobachteter Höhe und Tabellenwert) abschneidet.

4. Karte drehen, bis der Azimutwert 275⁰,1 der Marke auf der Grundplatte gegenübersteht.

Nun zieht man mit einem weichen Bleistift am Kurvenlineal entlang die Höhengleiche.

Nachdem nun die Karte wieder auf 0⁰ Azimut gestellt ist, geschieht in derselben Reihenfolge wie vorher die Auswertung der zweiten Höhenmessung. Der Schnittpunkt beider Linien ergibt den Ballonort.

Da auch in der Nautik vielfach Momente eintreten, in welchen der gegißte Schiffsort nicht genügend genau bekannt ist, wie dies zum Beispiel eintreten kann in Gewässern mit starken Strömen, nach lang anhaltendem Nebel oder schlechtem Wetter, kam die M. St. G. auf den Gedanken, zu versuchen, ihren Apparat auch für die Seeschiffahrt nutzbar zu machen. Zu diesem Zwecke werden während des Sommers an Bord verschiedener Schiffe Apparate zur Erprobung mitgegeben. An der Hand der hierbei gesammelten Erfahrungen wird sich dann ein Urteil abgeben lassen, ob und inwieweit das Instrument in seiner jetzigen Form für die Nautik brauchbar ist, oder, welche Änderungen sich als wünschenswert herausstellen. Gelegentlich einer Reise auf dem Dampfer „Zar" der Hanseatischen Dampfschiffahrt von Lübeck nach Petersburg gelangen während einer Nacht Beobachtungen. Durch das freundliche Entgegenkommen der Gesellschaft, welche Chronometer und Sextanten bereitwilligst zur Verfügung stellte, sowie das große Interesse, welches die Kaiserlich Deutsche Seewarte durch Überlassung von Stern-

---

*) Bei Messungen der Höhen über den natürlichen Horizont (Kimm) müssen die Beobachtungen für Refraktion und Kimmtiefe verbessert werden.

zeituhren den Erprobungen entgegenbrachte, war es möglich, die Bestrebungen der M. St. G. erheblich zu fördern. Nachstehend seien die erlangten Beobachtungen mitgeteilt.

1. Es wurde beobachtet am 21. V. 1911 gegen 9 h 30 m pm. auf $\varphi_{geg.} = 55^0\ 12'$ N. $\lambda_{geg.}$ $14^0\ 14'$ Ost.

	I. Stern: Capella	II. Stern: Vega	III. Stern: Arcturus
Sternzeit	13 h 11 m 0 sec	13 h 13 m 0 sec	13 h 14 m 20 sec
Gemessene Höhe .	$21^0\ 26',5$	$38^0\ 23',4$	$53^0\ 36',9$
Höhe in der Kartenmitte	$22^0\ 48',6$	$36^0\ \ 1',4$	$53^0\ \ 0',1$
Differenz	$-\ 1^0\ 22',1$	$+\ 2^0\ 22',0$	$+\ 0^0\ 36',8$
Azimut in der Kartenmitte	$139^0,3$	$252^0,0$	$337^0,2$

2. Es wurde beobachtet am 22. V. 1911 gegen 2 h morgens auf $\varphi_{geg.}$ $55^0\ 34',0$ N $\lambda_{geg.}$ $15^0\ 10'$ Ost.

	I. Stern: Arcturus	II. Stern: Polarstern
Sternzeit	17 h 22 m 6 sec	17 h 28 m 34 sec
Gemessene Höhe	$36^0\ 48',5$	$55^0\ \ 2',9$
Höhe in der Kartenmitte	$39^0\ 45',2$	$54^0\ 24',9$
Differenz	$-\ 2^0\ 56',7$	$+\ 0^0\ 38',0$
Azimut in der Kartenmitte	$64^0,8$	$181^0,7$

Der Schiffsort wurde während der Beobachtung durch Kreuzpeilung festgelegt. Die Auswertung mit dem Apparat „Orion" ergab Übereinstimmung mit dem durch Peilung festgelegten Schiffsort.

Aus dem vorstehend erreichten guten Resultate soll noch nicht die völlige Brauchbarkeit des Instruments für die Nautik gefolgert werden, doch haben diese Beobachtungen eine große Menge von Fingerzeigen für die Verwertung des Instruments in der Nautik gegeben, so daß die Hoffnung berechtigt erscheint, das Instrument mit Vorteil auch in der Nautik verwenden zu können.

Bericht und Übersicht über die Fahrten.

Über den Aufenthalt des PL 5 in Breslau bis Ende Juni 1910 ist in unserem letzten Jahrbuch 1908/10 berichtet worden. Während das Luftschiff in dieser Zeit eine ganze Anzahl kleinerer Fahrten über Breslau und in die nähere Umgebung

Fig. 1. Prinz und Prinzessin Georg und die beiden Prinzen von Caserta in der Gondel des PL 6.

ausführte, unternahm es in den Monaten Juli und August auch verschiedene wohlgelungene Fernfahrten.

Trotz des anhaltend sehr ungünstigen Wetters konnten während des achtwöchigen Aufenthalts im ganzen 54 Aufstiege unternommen und eine erhebliche Zahl von Passagieren befördert werden. Folgende besonders interessante Fernfahrten wurden ausgeführt.

Fig. 2.   PL 5 in Halberstadt am 2. April 1911.

Fig. 3.   Ankunft PL 5 in Chemnitz.

Fig. 4.   PL 5 in Chemnitz.

Fig. 5.   Fahrt PL 5 am 2. Oktober 1910.   Bahnüberführung S. O. Geithain.

1. Breslau-Neiße.

2. Breslau-Glaz (Zwischenlandung) — Bad Altheide (1. Nacht) — Bad Kudowa (2. und 3. Nacht) — Glaz.

3. Breslau-Reichenbach im Erzgebirge und zurück.

Fig. 6. Fahrt PL 5 Bitterfeld-Chemnitz am 2. Oktober 1910. Automobile und Radler bei der Verfolgung des Luftschiffes auf der Straße Hartmannsdorf-Chemnitz.

Am 24. Juli wurde das Luftschiff in Idaweiche bei Kattowitz, wohin es mit der Bahn gesandt worden war, trotz anhaltenden heftigen Gewitterregens im Freien gefüllt und es wurden anschließend 4 Aufstiege in der Umgegend und über Kattowitz ausgeführt. Abends wurde der PL 5 gerissen, verpackt und nach Breslau verladen.

Am 22. August war das Luftschiff auf dem Rennplatz in Posen gefüllt und montiert, worden und es sollte abends eine Huldigungsfahrt über die tags zuvor von Seiner Majestät dem Kaiser eingeweihte Pfalz stattfinden, als bei einem vorher unternommenen Passagieraufstiege ein Propellerflügel abflog. Zwar war das Schiff nach angestrengter Nachtarbeit am Morgen des 23. wieder fahrbereit, an einen Aufstieg war aber des sehr windigen Wetters wegen nicht zu denken. Im Laufe des Nachmittags nahm der Wind derart an Stärke zu, daß bei einigen besonders heftigen Böen viel Gas aus der Hülle gedrückt wurde. Da bei dem starken Hin- und Herarbeiten des Schiffes ein Nachfüllen unmöglich war, wurde es gerissen und per Bahn nach Bitterfeld gesandt.

Fig. 7. Fahrt PL 5 am 2. Oktober 1910. Zug bei Ottenhain.

Bis zum Beginn dieses Frühjahrs hatte der PL 5 eine ruhige Zeit. Nur zu gelegentlichen Aufstiegen mit Vertretern unserer und fremder Regierungen wurde er in Dienst gestellt. Hervorzuheben ist eine Fahrt mit dem Dezernenten für Motorluftschiffahrt im Reichsmarineamt, Herrn Fregattenkapitän Lübbert, und ferner die im PL 5 erfolgte Ausbildung des Führers des Luftschiffs der Transatlantischen Flugexpedition.

Im übrigen machte der PL 5 noch in einigen deutschen Städten (Chemnitz, Magdeburg, Braunschweig, Halberstadt) Besuche, zu denen das Schiff meist von hervorragenden Zeitungsverlagen gechartert war.

Die letzte Fahrt nach Amsterdam, wo Ihre Majestät die Königin-Mutter den Evolutionen des Schiffes lebhaftes Interesse entgegenbrachte, ist noch frisch in der Erinnerung.

Die erfolgreiche Führung dieses Schiffes lag in den bewährten Händen des Herrn Hauptmanns a. D. Dinglinger.

Passagier-Luftschiff PL 6, Type B, 6800 cbm.

Das im Auftrage der Münchener Parseval-Gesellschaft von der Luftfahrzeug-Gesellschaft erbaute Luftschiff PL 6 besitzt einen Rauminhalt von 6800 cbm und zwei Motoren der neuen Automobil-Gesellschaft zu je 100 PS, welche gegenüber früheren zweimotorigen Schiffen versetzt hintereinander stehen. Da die Gondel zur Aufnahme einer höheren Zahl von Passagieren dienen sollte, mußte sie neben der durch die Hintereinanderstellung der Motoren bedingten Vergrößerung eine größere Länge überhaupt bekommen. Sie mißt an den äußersten Punkten 13,50 m und kann in zwei Teile zerlegt werden zum Zwecke des bequemeren Transportes. Die beiden halbstarren vierflügeligen Schrauben ragen beiderseits auf Böcken gestützt über die Gondel hinaus und erhalten ihre Kraft von den Motoren durch Kettenübertragung. Gegen Ende Juni 1910 war die Füllung und Takelung vollendet, die Motoren und Schrauben hatten mehrmals mehrstündige Dauerproben (bis zu 10 Stunden) anstandslos überstanden, so daß das Schiff fahrbereit in der Halle stand. Da aber nach dem Einsturze der eisernen Halle in München der Neubau der neuen hölzernen Halle noch nicht vollendet war, wurde am 30. Juni eine kurze Probefahrt gemacht, bei welcher die Höhen- und Seitensteuerung in tadelloser Weise funktionierten. Während in jenen Tagen das Zeppelin-Luftschiff „Deutschland" im Teutoburger Wald im Kampfe mit Wind und Wetter unterlegen war, und das Militärluftschiff M III auf dem Truppenübungsplatze Zeithain seine Fahrt Berlin-Gotha notgedrungen abbrechen mußte, konnten weder freundliche Bitten noch leidenschaftliche Diskussionen den Führer des PL 6 Herrn Oberleutnant a. D. S t e l l i n g bewegen, das ihm anvertraute und für München bestimmte Schiff einem unbestimmten Schicksale preiszugeben. Erst als am 12. Juli von der Dresdener wie von der Wetterwarte Lindenberg die gleichlautende Prognose für eine 24 stündige ständige Wetterlage eintraf, wurde vielen vielleicht ganz unerwartet die Fahrt nach Dresden angetreten. In 2 Stunden 23 Minuten war die Strecke von 130 km über Eilenburg, Wurzen, Oschatz, Meißen, Dresden in herrlichem Fluge zurückgelegt, und 6 h andete das Schiff sehr glatt auf dem sog. Heller, begrüßt und umjubelt von Tausenden. Nachdem hierauf S. K. Hoheit Prinz Johann Georg von Sachsen — der Bruder S. M. des Königs — nebst der Frau Prinzessin und den beiden Brüdern Ihrer K. Hoheit, den Prinzen Gennaro und Philipp v. Bourbon die Gondel bestiegen hatten, wurde eine kurze Fahrt über die Stadt angetreten und das Schiff nach der Landung zum Übernachten verankert. Da in der Nacht ungünstige Wetternachrichten eintrafen, die eine möglichst rasche Rückkehr zur schützenden Halle erforderten, wurde nachts 4 h die Rückfahrt angetreten. Infolge des starken Nebels mußte zwecks Orientierung bei Dahlen eine Zwischenlandung ausgeführt werden. Um 11½ Uhr traf das Luftschiff wohlbehalten in Bitterfeld ein, während zur selben Zeit sich in Dresden ein schweres Gewitter entlud. Am 27. Juli wurde eine Abendfahrt gemacht zur Erprobung der für Projektionszwecke einzubauenden Apparate. Am 28. Juli wurde eine kurze Fahrt in der Umgegend von Bitterfeld absolviert, bei der sich der brasilianische Präsident Marschal da Fonseca mit Gefolge an Bord befand.

Fig. 8. Fahrt PL 6 Bitterfeld-Dresden. Schloß Püchan.

Fig. 9. Fahrt PL 6 Bitterfeld-Dresden. Cöln bei Meißen und Elbe mit Brücke.

Nunmehr wurden die Vorbereitungen zur Überführungsfahrt des Schiffes von Bitterfeld nach seinem neuen Bestimmungsort München getroffen. An der Wende des 31. Juli und 1. August beim ersten Glockenschlag der Mitternachtsstunde erhob sich das Schiff, um in der Richtung über Delitzsch-Leipzig abzufahren. Doch schon 3^{40} sahen wir uns infolge Bruches eines Schraubenflügels gezwungen, ohne jede Hilfe in dichtem Nebel auf taufeuchtem Felde bei Lobstedt zu landen. Ein Reserveflügel wurde eingesetzt; aber durch den Gasverlust bei der Landung war der Auftrieb zu gering, zumal das Schiff durch den Nachttau stark belastet war.

Fig. 10. Ankunft PL 6 in Dresden.

Wir warteten deshalb die gütige Mitwirkung der aufgehenden Sonne ab und setzten um 7^{50} die Fahrt fort über Altenburg, Plauen, Hof zum Übernachtungsplatz in Bayreuth. Allein ein wolkenbruchartiges Gewitter über Bayreuth, dessen wasserreiche Ausläufe wir zu fühlen bekamen, zwang uns 3 km vor Bayreuth bei Goldkronach zu einer abermaligen Zwischenlandung, und erst nach zweistündigem Warten konnten wir die letzte Etappe des Tages antreten. Nach 15 Minuten Fahrt traf das Schiff auf dem fast in einen Sumpf verwandelten Exerzierplatze ein. In der Nacht wurden 500 cbm neues Gas nachgefüllt, zumal die vorhandene Füllung bereits acht Wochen alt war. Nachdem sich am andern Morgen der im Fichtelgebirge lagernde dichte Nebel einigermaßen verzogen hatte, und die Sonne ihre trocknenden Strahlen auf das Schiff wirken ließ, wurde 8^{45} die Weiterfahrt angetreten. Wir hofften

Fig. 11.   PL 6 vor der Landung in Dresden.

Fig. 12.   S. K. Hoheit Prinz Ludwig von Bayern und Graf Zeppelin in der Gondel
des PL 6 in München.

nun in einem Zuge die Fahrt über Weiden, Schwandorf, Regensburg, München durchführen zu können. Nach schwieriger Fahrt durch das schluchtenreiche Tal der Naab bei den starken Mittagsböen sahen wir bereits das breite Band der Donau und den herrlichen Dom von Regensburg. Allein kurz hinter Regensburg bei Köfering brach ein weiterer Schraubenflügel, der uns zu einer nicht ganz leichten, aber immerhin für Schiff und Mannschaft schadlosen Zwischenlandung zwang. Der letzte Reserveflügel wurde eingesetzt, die immer heftiger auftretenden Mittagsböen abgewartet und nach 4 stündigem Aufenthalt die Weiterfahrt angetreten. In eiligem Fluge an Landshut, Moosburg, Freising vorbei ging die Fahrt, bis aus fernem Dunste Münchens Wahrzeichen, die „Frauentürme", den kühnen Fahrern das Ziel anzeigte. Auf dem direktesten Wege steuerte das Schiff der Halle zu, um nach 43 stündiger Abwesenheit von Bitterfeld sehr glatt vor der Halle zu landen.

Mit dieser abwechselungsreichen, schwierigen und ohne jeden Unfall verlaufenen Fahrt hatte das Luftschiff seine Feuerprobe bestanden.

In der Halle wurde es nunmehr entleert, die ganze Maschinerie überholt, die Hülle revidiert und innerhalb der nächsten Tage wieder fahrbereit fertiggestellt. Am Tage nach der Ankunft stattete S. K. Hoheit Prinzregent Luitpold v. Bayern der Halle seinen Allerhöchsten Besuch ab und ließ sich durch Oberleutnant S t e l l i n g Angaben über das Schiff und den Verlauf der denkwürdigen Fahrt machen. Im Laufe der Anwesenheit des Schiffes zeigten auch S. K. Hoheit Prinz Ludwig von Bayern mit Gemahlin und Töchtern, S. K. Hoheit Prinz Leopold v. Bayern mit Ihrer K. und K. Hoheit Prinzessin Leopold, ferner Ihre K. Hoheit die Frau Erbprinzessin v. Sachsen-Meiningen durch Ihren Besuch der Halle das lebhafteste Interesse, so daß anzunehmen war, daß die etwas kühne Idee der Münchner Parseval-Gesellschaft fruchtbaren Boden finden würde.

Es würde über den Rahmen dieses Jahresberichtes hinausgehen, sollten die 39 gemachten Fahrten mit ihrem glänzenden Verlauf einzeln geschildert werden. Vor allem reizten die märchenhaft schön gelegenen Seen der oberbayerischen Hochebene zu wiederholtem Besuch. Wie es bei einem vorsichtigen Führer, der sich des Wertes des ihm anvertrauten Gutes bewußt ist, der Fall sein muß, bewegten sich die ersten Fahrten in der näheren Umgebung von München und zu den nächst gelegenen Seen, dem Ammer-, Starnberger und Tegernsee. Allmählich wurde der Aktionsradius erweitert und der Kochelsee am Fuße der berühmten Automobil-Kesselbergstraße sowie der Chiemsee mit dem feenhaften Schlosse des Königs Ludwig II. besucht. Außer dem fernen Bodensee blieb nur noch der an der Zugspitze gelegene Eibsee übrig. Aber auch diesen wollten und mußten unsere durch den herrlichen Anblick der bayerischen Alpen trunkenen Augen sehen, eher wollten wir diesem überwältigenden Panorama nicht „Lebewohl" sagen. Am 28. September trat das Schiff die Fahrt an über den Starnberger See, Staffelsee, Ringsee durch das wildromantische Tal der Loisag hinauf zum Hochplateau von Garmisch, Partenkirchen und immer höher und höher, bis wir endlich den Eibsee mit seinem dunklen Gewässer tief unter uns, eingerahmt von gewaltigen Felswänden, liegen sahen. Gleichsam in stiller Wehmut hatte sich die Zugspitze von den Nebelgeistern einen Schleier ausgeliehen, um nicht mit ansehen zu müssen, wie der kleine Mensch in verwegener Kühnheit heraufdrang in diese geweihten Luftregionen, in die nur ihr

Fig. 13.   PL 6 über dem Eibsee.

Fig. 14.   PL 6 über Partenkirchen.

das Recht zustand, stolz das Haupt emporzuheben. Und so kam es, daß der sehnsüchtig ausschauende Wetterwart auf der meteorologischen Station dieses herrlichen unvergeßlichen Anblickes verlustig ging. Doch die Sonne dieses in der Geschichte der Luftschiffahrt denkwürdigen Tages (28. Sept. 1910) sollte nicht untergehen, ohne einen zweiten nicht minder denkwürdigen Moment zu schauen. Denn als nach fast fünfstündiger Fahrt das Schiff gelandet war, ward uns die Kunde zuteil, daß S. K. Hoheit Prinz Ludwig v. Bayern mit S. Exzellenz, dem greisen und doch so tatenfrohen Grafen Z e p p e l i n , eine kleine Fahrt zu machen wünschte. War es einerseits eine stille Anerkennung der Verdienste des bayr. Majors v o n P a r s e v a l , daß Bayerns Thronfolger sich unter Oberleutnant S t e l l i n g s Führung seinem Schiffe anvertraute, so war es für die Konstruktion des Systems wohl die freudigste Genugtuung, daß Graf Z e p p e l i n , der Vertreter des starren Systems, die Fahrt mitmachte. Ohne Gasnachfüllung mit kaum 20 kg Wasserballast stieg das Schiff mit seinen seltenen Passagieren auf, um nach 25 Minuten Fahrt auf dem beschränkten Platze glatt und sicher wieder zu landen. Der Volksmund hatte denn auch sofort ein geflügeltes Wort gefunden: ,,Prinz Ludwig von Bayern hat die höchste Errungenschaft in der Luftschiffahrt zu verzeichnen, da er mit dem ,,Zeppelin" im ,,Parseval" gefahren ist." Am Abend nach der Fahrt sandte Graf Z e p p e l i n dem Major v. P a r s e v a l ein Telegramm freudiger Anerkennung, welches in herzlicher Weise erwidert wurde. Unter den nachfolgenden Fahrten verdient wohl eine noch der Erwähnung: die Fahrt nach Straubing an der Donau, bei welcher sich Herr Ministerialrat v. D a n d l vom königl. Geheimkabinett, ein geborener Straubinger, an Bord befand, um seinen greisen Eltern einen Besuch im Luftschiff zu machen.

Da die Verhandlungen mit der Parseval-Gesellschaft wegen Übernahme des Schiffes nicht den erhofften Erfolg hatten, wurde beschlossen, so bald als möglich nach Bitterfeld zurückzufahren.

Sang- und klanglos stieg am 10. Oktober das Schiff in die Luft, nur wenige nunmehr verdienstlos gewordene Arbeiter riefen uns ,,Gute Fahrt" zu. Und gleich, als fühlte das Schiff selbst, daß man hier seiner überdrüssig geworden, stürmte es dahin, willig dem Steuer gehorchend, dahin über das Erdinger Moos an Landshut vorbei ins Donautal hinab, an Regensburg vorbei, den alten Weg nach Schwandorf und Weiden, auf dem geradesten Weg über das Fichtelgebirge nach Hof und von da nach Plauen. In 7 Stunden war bei 950 Touren des Motors die über 300 km lange Strecke durchflogen worden. Wegen der einbrechenden Dunkelheit wurde hier eine Zwischenlandung ausgeführt und anderntags die Reststrecke Plauen-Bitterfeld (150 km) in 2 Stunden 42 Minuten zurückgelegt. Am 12. Oktober wurde die Weiterfahrt nach Berlin angetreten, auf der unweit Jüterbog ein Schraubenflügel brach, und die Fahrt bei starkem Seitenwinde mit einer Schraube bis Johannisthal fortgesetzt werden mußte.

Immer noch mit der Münchener Gasfüllung wurden in Johannisthal eine Reihe Passagierfahrten ausgeführt, an deren einer am 23. Oktober S. Hoheit der Erbprinz von Sachsen-Meiningen mit Gemahlin nebst Gefolge teilnahm.

Inzwischen war das tatenreiche Luftschiff von der neugegründeten Luft-Verkehrs-Gesellschaft gechartert worden, und wir erhielten den Auftrag, eine Fahrt

nach der Nordmark anzutreten, wo durch die eifrigen Bemühungen des Vereins
für Motorluftschiffahrt in der Nordmark eine Halle zum Empfange eines Luftschiffes
in Kiel bereit stand.

Zur Beschleunigung der nunmehr nach 11 wöchigem Gebrauche notwendig gewordenen Neufüllung wurde das Anerbieten der Firma Siemens-Schuckert
freudigst angenommen, die Neufüllung in der großartigen drehbaren Halle in Biesdorf mit Gas aus den Stahlflaschen vorzunehmen. In zweimal 24 Stunden war das
Schiff entleert, revidiert, neugefüllt und montiert worden, und mit 20 Passagieren
an Bord konnte es den Rückweg nach Johannisthal antreten.

Am 27. Oktober wurden noch 2 Passagierfahrten gemacht und am 28. die
Fahrt nach der Nordmark angetreten.

Das Programm für die Expedition lautete: ,,Auf der Fahrt nach Kiel
Zwischenlandung in Schwerin mit Passagierwechsel. In Kiel selbst tunlichst viele
Ortsfahrten mit mehreren Abstechern in die benachbarten größeren Städte, dann
Rückkehr durch die Luft entweder über Hamburg oder Stettin nach Berlin.''

Wahrlich ein Programm, zu dessen allseits befriedigender Durchführung
sechs Wochen der günstigsten Jahreszeit erforderlich gewesen wären, aber nicht
14 Tage Ende Oktober und Anfang November; eine Zeit, wo bereits die rauhen
Oktoberwinde als Vorboten der Novemberstürme über den Flugplatz in Johannisthal
wegfegten.

Um 10^{21} erhob sich das Schiff, reichlich besetzt mit Passagieren, bei einem Ost-
winde von 8—10 m Stärke pro Sekunde, der bis Wittenberge als Rückenwind eine
bedeutende Fahrtbeschleunigung bewirkte, von da ab als Seitenwind sich bei der
Seitensteuerung unangenehm bemerkbar machte. Trotzdem konnte die 220 km
lange Strecke in $3\frac{1}{2}$ Stunden zurückgelegt werden, und um 1^{50} landete das
Schiff glatt auf dem bezeichneten Platze in Schwerin. S. Kgl. Hoheit der Groß-
herzog von Mecklenburg-Schwerin nebst Gemahlin begrüßten den Führer des
Schiffes Herrn Oberleutnant S t e l l i n g , während der Herr Oberbürgermeister
nach einer Ansprache Herrn S t e l l i n g und H a c k s t e t t e r ein Ehren-
geschenk überreichte. Nach $1\frac{1}{2}$ stündigem Aufenthalt wurde die Weiterfahrt angetreten, die über Lübeck und den Plöner See direkt nach Kiel führen sollte. Leider
lagerte über dem See bereits so dichter Nebel, daß ein Überqueren in der dadurch
notwendigen geringen Höhe bei einem eventuellen Motorendefekt schlimm hätte
ausfallen können. Da auch der Kompaß versagte, wurde rascher, als vorgesehen, ans
Land gefahren, um die nach Kiel führende Bahnlinie zu erreichen. Leider war es die
verkehrte, und zwar die nach Neumünster führende. Das Dunkel der Nacht brach
herein, und notgedrungen mußten wir in Neumünster landen. 30 km trennten uns
von Kiel. Die Weiterfahrt wurde beschlossen, und da wir eigens einen ortskundigen
Schullehrer als Lotsen in die Gondel genommen, glaubten wir in längstens einer
Stunde in der schützenden Halle zu sein. Leider ließen unsern Piloten bald seine
Ortskenntnisse im Stich, da er sein Heimatland noch nie von oben gesehen hatte.
Nachdem wir so über eine Stunde in Nacht und Nebel umhergefahren waren, und
selbst der Lichterschein von Kiel nicht zu sehen war, kommandierte S t e l l i n g
zur Landung, die nach mehreren Versuchen endlich auf einem freien Felde glatt
vor sich ging. Unser Lotse verzichtete auf ein längeres Zusammensein mit uns.

Das Schiff blieb verankert im Freien. Am andern Tage erst nach 11 Uhr, als sich der dichte Nebel etwas zerstreut hatte, konnten wir die Weiterfahrt nach Kiel antreten, und eine halbe Stunde später trafen wir wohlbehalten vor der Halle ein. Eine Ehrenschleife um die Halle herum vollendete die siegreiche Fahrt.

Am festlichen Empfangsabend traf an Oberleutnant S t e l l i n g ein Telegramm S. M. des Kaisers ein, worin S. K. Hoheit Prinz Adalbert von Preußen die Mitfahrt im Schiffe gestattet wurde. Es kam leider durch ungünstige Verhältnisse nicht dazu. Dafür machte S. K. Hoheit Prinz Waldemar v. Preußen mit Gefolge bereits am 2. Tage die Fahrt Kiel-Neumünster mit, bei der sich auch der Vorsitzende des Vereins der Nordmark Vizeadmiral Exzellenz Graf v. M o l t k e an Bord befand. In Neumüntser verließen S. K. Hoheit mit den übrigen Passagieren die Gondel, um anderen begeisterten Anhängern den Genuß der Heimfahrt zu überlassen.

Durch den Bruch des hinteren Ventilators mußte die Fahrt über Malente-Gremsmühlen aufgegeben und die Rückfahrt mit einem Motor durchgeführt werden.

Infolge der ungünstigen Witterungsverhältnisse konnte die projektierte Rundfahrt nach dem weiteren Norden: Flensburg, Schleswig, Rendsburg, Kiel erst am 4. November angetreten werden.

Der glänzende programmäßige Verlauf der Fahrt entschädigte reichlich die seit Tagen sehnsüchtig auf das Schiff harrende Bevölkerung, und in den begeisterten Ansprachen bekundete sich die reine Freude über den glücklichen Verlauf der Fahrt. Und aus dem überstarken Andrang der Passagiere zur Mitfahrt war am besten zu erkennen, wie fest man auf die Sicherheit des Schiffes und seine Führung baute. Noch am selben Abend mußte noch eine Fahrt gemacht werden, um wieder einige der vorgemerkten Passagiere zu befriedigen. Die für den andern Tag projektierte Abfahrt nach Altona mußte wegen Nebel und starkem Wind verschoben werden, dafür wurden gegen Abend zwei Ortsaufstiege gemacht.

Am 6. November 11^{32} vormittags verließ das Schiff unter den Klängen der Musik und den nicht enden wollenden Hochrufen der Anwesenden die gastliche Stätte, begleitet von den herzlichen Wünschen zu „Guter Fahrt". Dichter Nebel reichte bis auf 75 m Höhe herunter, der zeitweise in feinen Sprühregen überging und den Führer zwang, mehrmals bis auf 10 und 20 m über dem Boden zu fahren, dazu verstärkte sich der Wind immer mehr, so daß manchmal Zweifel auftauchten, ob wir Altona erreichen und damit den letzten Teil des Nordmarkprogramms ausführen würden. Aber tapfer hielt sich das Schiff in diesem Ringen mit Wind und Wetter, und nach fast $3\frac{1}{2}$ stündigem Kampfe konnte das Schiff als Sieger auf der Bahrenfelder Rennbahn landen.

Leider steigerte sich der Wind in der Nacht zum Sturme und setzte dem im Freien verankerten Schiffe derart zu, daß nach 10 stündigem Ausharren der Befehl gegeben werden mußte, das Schiff durch Ziehen der Reißbahn zu entleeren und zu verpacken. Erst der Kampf an der Erde machte dem Siegesfluge des Schiffes von den Gipfeln der Alpen zu den Gestaden der Ostsee ein Ende.

Doch die letzten Tage des Jahres sahen das Schiff wiederum kampfbereit auf dem Felde. Nach zwei kurzen Abendfahrten in Bitterfeld zum Zwecke der Ausprobierung der neuen Projektionsapparate wurde am 29. Dezember die Fahrt

Fig. 15—18. Einzelne Ehrenpreise, welche Parseval-Luftschiffe oder Luftschiffführer erhielten.

Bitterfeld-Berlin trotz starken Windes angetreten und in 3 Stunden glatt vor der Halle in Johannisthal beendet.

In der Sylvesternacht konnte das erstaunte Berlin an den Seiten des hoch über dem Häusermeer dahinziehenden Schiffes in weithin sichtbaren Lettern den Wunsch „Prosit Neujahr" fast an den Sternen lesen.

Damit war das Schiff seinem neuen Zwecke übergeben, neben Passagierfahrten durch sog. Reklamefahrten selbst beizutragen zur Deckung der ungeahnten Kosten eines Luftschiffbetriebes. Und so wechselten in der folgenden Zeit, wenn auch vielfach durch die ungünstige Witterung unterbrochen, Tag- und Nachtfahrten ab, wobei mehrfach ausländische Kommissionen, so aus Rumänien, Holland, England und Amerika, an Bord waren. Am 16. März erlitt das Schiff beim Herausbringen aus der Halle Havarie, indem es plötzlich von einer seitlichen Böe erfaßt, gegen die Halle geschleudert, und die Hülle durch den Ausleger einer Bogenlampe verletzt wurde. Es mußte entleert und zur Neufüllung nach Bitterfeld transportiert werden.

Am 10. April wurde mit 13 Passagieren an Bord die Rückfahrt nach Berlin glatt durchgeführt und der Betrieb wieder eröffnet.

Inzwischen war das Schiff in den Besitz der Luft-Verkehrs-Gesellschaft Berlin übergegangen, die es auf dem Luftwege nach Amsterdam zu schicken beabsichtigte.

Am 21. April früh 4 30 wurde die Fahrt angetreten und führte bei gleichmäßig starkem Gegenwind mit Normalgeschwindigkeit über Spandau, Nauen, Rathenow, Stendal, Gardelegen bis Isenbüttel bei Hannover. Ein Defekt in der Takelung machte eine Zwischenlandung notwendig, die trotz der starken Mittagsböen und des äußerst ungünstigen sumpfreichen Landungsterrains der Lüneburger Heide glatt durchgeführt wurde, aber ein vollständiges Entleeren des Schiffes gebot.

Seit seiner Inbetriebsetzung war das Schiff im ganzen 167 Stunden 4 Minuten in der Luft und hat in zweiundneunzig Fahrten 6806,5 km zurückgelegt. Besonders hervorzuheben ist hier noch, daß bei dieser langen Fahrtzeit und teilweisen Anstrengung bis aufs äußerste die beiden N. A. G.-6-Zylinder-Motoren sich aufs glänzendste bewährt haben.

Fahrten mit „PL 5" (Sportluftschiff I). 1800 cbm. Type D.

Nr.	Datum	Abfahrtszeit Uhr	Besatzung und Passagiere	Landezeit Uhr	Fahrtdauer	Zurückgelegte Entfernung ca. km	Bemerkungen
1	4. 7. 1910	4,35	Hauptmann Dinglinger Ballonmeister Moses Chauffeur Schön	6,40	2,05	95	Fahrt nach Neiße. Luftschiff wurde am 5. 7. wegen Sturm entleert und per Bahn nach Breslau geschickt.
2	11. 7.	7,45	Hauptmann Dinglinger Chauffeur Schön Bauinspektor Grätzer Frau Grätzer H. Fröhlich	8,35	50 Min.	15	

Nr.	Datum	Ab-fahrts-zeit Uhr	Besatzung und Passagiere	Lande-zeit Uhr	Fahrt-dauer	Zurück-gelegte Ent-fernung ca. km	Bemerkungen
3	11. 7.	6,15	Besatzung wie zu 2 Frau Geheimrat Minkowski Frl. von Jerin Auerbach	6,50	35 Min.	15	
4	11. 7.	7,15	Besatzung wie zu 2 Dr. Korn Frau Korn Frl. Engel	7,50	35 Min.	18	
5	12. 7.	4,50 vorm.	Hauptmann Dinglinger Ballonmeister Moses Chauffeur Schön Rechtsanwalt Dr. Bohn	8,20 vorm.	3,30	96	
6	12. 7.	10,30	Hauptmann Dinglinger Chauffeur Schön Rechtsanwalt Dr. Bohn Major v. Uckermann Ledermann	10,50	20 Min.	15	
7	12. 7.	6,00	Besatzung wie zu 6 Frau Hauptmann Warsitz Ingenieur Groß Dr. Schöndorff	6,45	45 Min.	10	
8	13. 7.	10,30 vorm.	Besatzung wie zu 6 Rittergutsb. Schindowsky Rittergutsbesitzer Büttner Leutnant Strasshausen	10,50 vorm.	20 Min.	1	
9	13. 7.	6,00	Hauptmann Dinglinger Chauffeur Schön Rittergutsbesitzer Büttner Leutnant Strasshausen	7,15	1,15	35	
10	15. 7.	8,00	Besatzung wie zu 9 Rittmeister v. Dammitz Direktor v. Schrabisch	8,45	45 Min.	12	
11	16. 7.	5,00 vorm.	Hauptmann Dinglinger Ballonmeister Moses Chauffeur Schön	5,30	30 Min.	10	
12	16. 7.	8,00	Besatzung wie zu 11	9,40 vorm.	1,40	35	
13	24. 7.	12,30	Besatzung wie zu 11	1,00	30 Min.	10	
14	24. 7.	5,05	Hauptmann Dinglinger Chauffeur Schön Stadtrat Pieler Direktor Daeger	5,35	30 Min.	12	
15	24. 7.	6,10	Besatzung wie zu 14 Direktor Wohlmann Frau Wohlmann Herr Pointer	6,40	30 Min.	12	

Nr.	Datum	Ab-fahrts-zeit Uhr	Besatzung und Passagiere	Lande-zeit Uhr	Fahrt-dauer	Zurück-gelegte Ent-fernung ca. km	Bemerkungen
16	24. 7.	7,00	Besatzung wie zu 14 Uhlig Veubert Mentz	7,40	40 Min.	14	
17	28. 7.	6,10	Besatzung wie zu 14 Kaufmann John Professor Schröder	6,40	30 Min.	10	
18	28. 7.	7,00	Besatzung wie zu 14 Lehrer Seehrich	7,40	40 Min.	12	
19	29. 7.	5,30	Besatzung wie zu 14 Max Stehr Brandt	6,10	40 Min.	12	
20	29. 7.	6,30	Besatzung wie zu 14 Kaufmann Sellit	6,45	15 Min.	4	Hinterer Manometer-schlauch abgerissen, fällt i. den Propeller, wobei ein Flügel gegen den Bock ge-drückt und gebogen wird. Freiballon-Landung ohne Ent-leerung.
21	31. 7.	10,10 vorm.	Besatzung wie zu 14 Köttner	10,35	25 Min.	10	
22	31. 7.	5,15	Besatzung wie zu 14 Stadtverordneter Löbe Höppner	5,25	10 Min.	2	Ölzuleitungsrohr gebrochen, deshalb Landung. ½ Stde. Reparatur.
23	31. 7.	6,00	Besetzung wie zu 14 Passagiere wie vor	6,30	30 Min.	10	
24	2. 8.	6,00	Besatzung wie zu 14 Oberstleutnant Lange Dankwort Dr. Bilschöfsky	6,35	35 Min.	12	
25	2. 8.	7.00	Besatzung wie zu 14 Dr. Krause Oberleutnant Theinert Dr. Bley	7,45	45 Min.	18	
26	3. 8.	5,30	Besatzung wie zu 14 Valentin Dr. Przewoilnik	6,05	35 Min.	13	
27	3. 8.	6,30	Hauptmann Dinglinger Chauffeur Schön Frau Direktor v. Schrabisch Frau Hauptmann Ding-linger Frau Hauptmann Engel	7,10	40 Min.	16	

Nr.	Datum	Ab-fahrts-zeit Uhr	Besatzung und Passagiere	Lande-zeit Uhr	Fahrt-dauer	Zurück-gelegte Ent-fernung ca. km	Bemerkungen
28	5. 8.	5,30	Besatzung wie zu 27 Betthauer Sackisch Haja	6,15	45 Min.	15	Ventilatorseil reißt, Rückfahrt mit Handantrieb.
29	9. 8.	6,00	Besatzung wie zu 27 Koetke Frl. Koetke Kraus	6,40	40 Min.	10	
30	9. 8.	7,00	Besatzung wie zu 27 Müller Pfreimbtner Referendar Schmidt	7,35	35 Min.	12	
31	11. 8.	6,10	Besatzung wie zu 27 Samoanischer Fürst Tamasese Frau Marquardt Frl. Pracht	6,45	35 Min.	12	
32	11. 8.	7,00 nachm.	Besatzung wie zu 27 Landrat Vietz und Ge- mahlin v. Zeinen	7,35	35 Min.	13	
33	12. 8.	6,45 nachm.	Besatzung wie zu 27 Andersen und zwei Refe- rendare	7,15	30 Min.	8	
34	14. 8.	7,00 nachm.	Besatzung wie zu 27 von Hayn und Frl. Nichte	7,35	35 Min.	9	
35	15. 8.	6,30 vorm.	Hauptmann Dinglinger Ballonmeister Moses Chauffeur Schön Oberleutnant von Hymmen	9,15	2,45	71	Fahrt nach Reichen-bach am Eulenge-birge, weiter über Langen-Bielau, zu-rück nach Reichen-bach.
36	15. 8. 1910	3,45 nachm.	Besatzung wie zu 35	5,35	1,50	62	Fahrt ging nach Über-windung des bergi-gen Geländes wegen des sehr böigen Win-des in sehr geringer Höhe von statten.
37	22. 8.	8,30 vorm.	Besatzung wie zu 35 Rechtsanwalt Dr. Bohn Frau Hauptm. Dinglinger	9,00	30 Min.	10	
38	22. 8.	5,00 nachm.	Hauptmann Dinglinger Chauffeur Schön Dr. Witte Frau Dr. Witte Amtsrichter Ücker	5,30	30 Min.	10	

Nr.	Datum	Ab-fahrts-zeit Uhr	Besatzung und Passagiere	Lande-zeit Uhr	Fahrt-dauer	Zurück-gelegte Entfernung ca. km	Bemerkungen
39	22. 8.	5,45 nachm.	Besatzung wie zu 38 Frl. Hohmann Direktor Wilm und ein Herr	5,52	7 Min.	$^1/_2$	Strebe am Propeller-flügel reißt, darauf andere Strebe am gleichen Flügel auch, Flügel fliegt ab, weshalb schleunige, glatte Landung auf Flugplatz Posen.

Fahrten des „PL 5" von Reinickendorf aus.

Nr.	Datum	Ab-fahrts-zeit Uhr	Besatzung und Passagiere	Lande-zeit Uhr	Fahrt-dauer	Zurück-gelegte Entfernung ca. km	Bemerkungen
1	28. 4. 1910	9,45	Hauptmann Dinglinger Ballonmeister Moses Chauffeur Schön	10,20	35	12	
2	30. 4.	6,30 nachm.	Wie zu 1	7,30	60	30	
3	9. 5.	6,30 abends	Wie zu 1	7,30	60	35	
4	10. 5.	5,40 abends	Wie zu 1	6,30	50	20	
5	12. 5.	5,50 abends	Hauptmann Dinglinger Ballonmeister Moses	7,50	2 Std.	46	Fahrt nach Johannis-thal und zurück.
6	23. 5.	6,30 abends	Hauptmann Dinglinger Chauffeur Schön Mstr. Blonk aus Chikago als Gast	7,00	30	14	
7	24. 5.	10,15 vorm.	Hauptmann Dinglinger Ingenieur Simon Ballonmeister Nobbers	11,15	60	30	
8	24. 5.	6,30	Wie zu 6	7,15	45	16	
9	1. 6. 1910	7,00 abends	Hauptmann Dinglinger Ballonmeister Moses	8,00	60 Min.	20	Fahrt über Charlotten-burg.

Aufstiege des Sportluftschiffes „PL 5" von Bitterfeld aus.

Nr.	Datum	Ab-fahrts-zeit Uhr	Besatzung und Passagiere	Lande-zeit Uhr	Fahrt-dauer	Zurück-gelegte Entfernung ca. km	Bemerkungen
1	1. 10.	3,15 nachm.	Hauptmann Dinglinger Oberingenieur Kiefer Ingenieur Berndt Ballonmeister Moses Chauffeur Schön	4,00	45 Min.	15	

Nr.	Datum	Abfahrtszeit Uhr	Besatzung und Passagiere	Landezeit Uhr	Fahrdauer	Zurückgelegte Entfernung ca. km	Bemerkungen
2	2. 10.	8,30 vorm.	Hauptmann Dinglinger Ballonmeister Moses Chauffeur Schön Hauptmann Härtel	12,40	5,10	130	Fahrt nach Chemnitz.
3	2. 10.	3,00 nachm.	Hauptmann Dinglinger Chauffeur Schön Div-.Kommandeur Exz. v. Laffert mit Gemahlin	3,40	40 Min.	15	
4	2. 10.	4,0 nachm.	Hauptmann Dinglinger Chauffeur Schön Oberbürgermeister Dr. Sturun Frau Dr. Sturun Oberst v. Gersdorff	4,45 nachm.	45 Min.	14	Fahrt über Chemnitz.
5	2. 10.	5,05 nachm.	Besatzung wie zu 4 Frau Chefredakteur Raabe Frau Hilger Frl. Hilger Justizrat ?	5,50	45 Min.	8	
6	3. 10.	7,55 vorm.	Besatzung wie zu 3 Major Freiherr v. Oldershausen	11,45	2,50	120	Rückfahrt von Chemnitz nach Bitterfeld.
7	25. 10.	1,55 nachm.	Besatzung wie zu 3 Redakteur Bause v. Wolffs Telegraphenbureau	4,0	3,05	80	Fahrt Bitterfeld—Cöthen—Schönebeck—Magdeburg.
8	25. 10.	5 nachm.	Hauptmann Dinglinger Chauffeur Schön Frau Hauswald Kommerzienrat Wernecke	5,35	35 Min.	10	Fahrten um Rennplatz Neuenbrug und über Magdeburg.
9	26. 10.	10 vorm.	Besatzung wie zu 8 Polizeipräsident v. Alten	10,30	30 Min.	10	Nebeliges Wetter, Ballon von der Nacht her naß, deshalb geringer Auftrieb.
10	26. 10.	10,40 vorm.	Besatzung wie zu 8 Div.-Kommandeur Exz. v. Oven	11,10	30 Min.	10	
11	26. 10.	11,30 vorm.	Besatzung wie zu 8 Kom. General Exz. von Hindenburg	12,0	30 Min.	10	
12	26. 10.	11,50 vorm.	Besatzung wie zu 8 Oberleutnant v. Gaza Frl. v. Hindenburg	12,30	40 Min.	15	
13	26. 10.	2 nachm.	Besatzung wie zu 8 Frau Polizeipräsid. v. Alten Frl. v. Heeringen	2,40	40 Min.	15	

Nr.	Datum	Ab-fahrts-zeit Uhr	Besatzung und Passagiere	Lande-zeit Uhr	Fahrt-dauer	Zurück-gelegte Ent-fernung ca. km	Bemerkungen
14	26. 10.	3 nachm.	Besatzung wie zu 8 Faber Frau Faber	3,40	40 Min.	15	Fahrt um den Dom und über das Zentrum der Stadt.
15	26. 10.	4 nachm.	Besatzung wie zu 8 Herr v. Gaza II Gutsbesitzer Köhne	4,30	30 Min.	12	
16	26. 10.	4,45 nachm.	Besatzung wie zu 8 Herr u. Frau Gutsbesitzer?	5,10	25 Min.	10	
17	6. 11.	1,15 nachm.	Hauptmann Dinglinger Ballonmeister Moses Chauffeur Schön Major v. Salviati Gasdirektor v. Feilitzsch	1,45	30 Min.	10	Fahrt in Braunschweig, wo Luftschiff am 6. 11. vormittags auf dem großen Exerzierplatz gefüllt war.
18	6. 11.	2,30 nachm.	Hauptmann Dinglinger Chauffeur Schön Oberst v. Einem und Gemahlin Hörstel	3	30 Min.	8	Kühler ⅓ abgedeckt.
19	6. 11.	3,15 nachm.	Besatzung wie zu zu 18 Oberst v. Humbold mit Gemahlin Frau Gräfin Schulenburg	3,45	30 Min.	10	Kühler auf ⅔ abgedeckt.
20	6. 11.	3,55 nachm.	Besatzung wie 18 Frau Chefredakteur Dietel Frau Berg Graf Schulenburg	4,30	35 Min.	10	In 50 m Höhe 9 m Wind, zunehmende Kälte, Kühlwasser zu stark abgekühlt, Motor arbeitet nicht ganz gleichmäßig.
21	6. 11.	4,45 nachm.	Besatzung wie 18 Chefredakteur Dietel Berg sen. Berg jun.	5,15	30 Min.	6	**100. Aufstieg des Luftschiffes.**
22	28. 2.	9,35 vorm.	Hauptmann Dinglinger Ballonmeister Moses Hans Hauptmann Joerdens Oberleutnant Forsbeck	10,40	1,5	24	
23	6. 3.	4,30 nachm.	Hauptmann Dinglinger Oberleutnant Forsbeck Hans Hauptmann Joerdens	5,50	1,20	30	Propeller haben etwas größere Steigung erhalten.
24	7. 3.	8,35 vorm.	do.	9,40	1,05	28	

Nr.	Datum	Ab-fahrts-zeit Uhr	Besatzung und Passagiere	Lande-zeit Uhr	Fahrt-dauer	Zurück-gelegte Ent-fernung ca. km	Bemerkungen
25	7. 3.	10 vorm.	do.	10,40	40 Min.	20	Bei Jeßnitz umgekehrt, da eine Stahlstange in einem Flügel gebrochen, dasselbe passierte an einem anderen Flügel.
26	8. 3.	10,50 vorm.	do.	11,15	25 Min.	8	
27	15. 3.	8,45 vorm.	Wie zu 23	9,45	1 Std.	20	Am 9. 10. 11./3. Anfertigung und Einstellung von 3 neuen verbesserten Flügeln.
28	15. 3.	10 vorm.	do.	11,5	1,5	20	
29	15. 3.	11,15 vorm.	Hauptmann Dinglinger Hauptmann Joerdens Hans Frau Simon Frau Kath	11,35	20 Min.	6	
30	15. 3.	2,53 nachm.	Wie zu 23	4,00	1,7	20	
31	15. 3.	4,8	do.	5,15	1,7	20	
32	16. 3.	9,00 vorm.	do.	10,10	1,10	12	Fahrt nach Brehna.
33	16. 3.	5,40 nachm.	Hauptmann Dinglinger Hans Zeitungsverleger Klunker Zeitungsredakteur Schinke	6,00	20 Min.	5	Fahrt vor Ihrer Hoheit der Erbprinzessin von Anhalt, deren Tochter, Ihrer Hoheit Prinzessin Antoinette, und deren Gemahl, Sr. Durchlaucht Fürst Lippe.
34	17. 3. 1910	9,00 vorm.	Wie bei 23	10,5	1,5	20	
35	17. 3.	10,15 vorm.	Hauptmann Dinglinger Hans Fregatten-Kapitän Lübbert Zeitungsverleger Klunker	10,50	35 Min.	15	An der Fahrt nahm dienstlich der Dezernent für Motorluftschiffahrt im Reichsmarineamt, Herr Freg.-Kapitän Lübbert, teil.
36	17. 3.	11,0 vorm.	Wie bei 23	12,10 vorm.	1,10	35	Fahrt nach Landsberg.

Nr.	Datum	Ab-fahrts-zeit Uhr	Besatzung und Passagiere	Lande-zeit Uhr	Fahrt-dauer	Zurück-gelegte Ent-fernung ca. km	Bemerkungen
37	17. 3.	4,00 nachm.	Wie bei 23	5,5	1,5	30	
38	22. 3.	2,36 nachm.	Wie bei 23	6,24	3,48	135	Mit Neufüllung Fahrt nach Johannisthal.

Fahrten des Sportluftschiffes „PL 5" von Johannisthal aus.

Nr.	Datum	Ab-fahrts-zeit Uhr	Besatzung und Passagiere	Lande-zeit Uhr	Fahrt-dauer	Zurück-gelegte Ent-fernung ca. km	Bemerkungen
39	23. 3.	12,15 nachm.	Hauptmann Dinglinger Hans Dr. Rathenau Wankmüller v. Rüdiger.	1,30	1,15	20	
40	23. 3.	2,00 nachm.	Hauptmann Dinglinger Hans 3 Herren der Terrainge-sellschaft Johannisthal	2,20	20 Min.	5	
41	24. 3.	4,15 nachm.	Hauptmann Dinglinger Hans Regierungsbaumstr. Wehl Wankmüller v. Rüdiger	5,50	1,35	30	Fahrt über Berlin.
42	28. 3.	4 nachm.	Besatzung wie zu 40 Regierungsbaumstr. Grohe Wankmüller	5,10	1,10	25	Fahrt nach Biesdorf, Adlershof usw.
43	1. 4.	8,00 vorm.	Wie zu 23	12,30	4,30	100	Fahrt Johannisthal —Wittenberg, wo Mangel an Benzin zur Zwischenlan-dung nötigte.
44	1. 4.	3,55 nachm.	Wie zu 23	4,25	30 Min.	35	Weiterfahrt nach Bitterfeld.
45	2. 4.	9,00 vorm.	Wie zu 23	1,15	4,15	106	Fahrt Bitterfeld— Halberstadt.
46	2. 4. 1910	3,00 nachm.	Hauptmann Dinglinger Hans Fabrikbesitzer Klammroth	3,15	15 Min.	6	Nach Gewitter stark durchnäßt, wenig Auftrieb. 5,10 durch neue Gewitterböe Gas herausgedrückt, Luftschiff gerissen.
47	11. 4.	6,00 nachm.	Hauptmann Dinglinger Hausknecht Hauptmann Joerdens Ingenieur Schubert Ingenieur Natz	7,15	1,15	36	Fahrt nach der Mosigkencr Heide.

Nr.	Datum	Abfahrtszeit Uhr	Besatzung und Passagiere	Landezeit Uhr	Fahrtdauer	Zurückgelegte Entfernung ca. km	Bemerkungen
48	18. 4.	8,35 vorm.	Oberingenieur Kiefer Hauptmann Joerdens Hans Ingenieur Simon	9,35	1 Std.	20	Ein Bolzen an der vorderen Ecke der Kielfläche löste sich, Kielfläche stößt 2 Löcher in die Hülle, deshalb Freilandung auf den Ritterhufen unweit Greppin.
49	21. 4.	4,35 nachm.	Hauptmann Dinglinger Hans Hauptmann Brauer Frau Hauptmann Brauer Oberleutnant Riemann	6,30	1,55	50	Fahrt nach und über dem Petersberg bei Halle.
50	22. 4.	9,45 vorm.	Hauptmann Dinglinger Oberleutnant Forsbeck Max Dinglinger	11,0	1,15	30	Fahrt Bitterfeld—Cöthen.
51 bis 55	22. 7.	11,20 vorm.	Besatzung und folgende Passagiere: Rittmeister Nette Doktor Wahn I Doktor Wahn II Geheimrat Trautmann Fabrikbesitzer Paul Wittig Direktor Saalfeld Fritz Braune Karl Stöber Karl Schreiber Bankier Wendershausen Chefredakteur Dautschah Fabrikant Schulze Frau Wittig Frau Schwader Frl. Deißner	12,0 bis 5,50	6,30	50	Passagierfahrten über Cöthen.
56	22. 4.	6,00 nachm.	Hauptmann Dinglinger Hans Oberleutnant Forsbeck Ballonmeister Moses Frau Hauptm. Dinglinger	6,50	$^1/_2$ Std.	30	Rückfahrt von Cöthen nach Bitterfeld.

Übersicht über den augenblicklichen Stand der Luftschiff-Industrie [1]).

In unserem Jahrbuch 1908/1910 bemerkten wir unter diesem Kapitel, daß Deutschland und Frankreich bisher die einzigen Staaten waren, in denen wirklich eine bedeutende Luftschiff-Industrie existierte. Im verflossenen Berichtszeitraum sind England, Österreich und auch Italien in die Reihe dieser Staaten getreten. Vorzüglich in England sind nach Gründung eines Luftschiffer-Bataillons recht bedeutende Geldmittel zur Verfügung gestellt zum Bau von Luftschiffen auf eigenen Werften. Den unbestrittenen Vorrang gegenüber allen anderen Staaten besitzt nach wie vor Deutschland; das Interesse Frankreichs hat sich vorzugsweise dem Flugzeugbau zugewandt.

Ein gewisser scheinbarer Stillstand in der Weiterentwicklung des Luftschiffbaus im verflossenen Jahre erklärt sich ganz natürlich aus den Ereignissen der letzten Jahre. Nachdem man auf dem Wege erfolgreichen technischen Neuschaffens zu brauchbaren, feststehenden Luftschifftypen gelangt war, bestand die Tätigkeit der Luftschiff-Industrie im verflossenen Berichtszeitraum im wesentlichen darin, die einzelnen Bestandteile der als brauchbar befundenen Luftschifftypen technisch zu vervollkommnen und sie in das dreifache Verwendungsgebiet, Sport, Heer und Verkehr, praktisch einzuführen.

In Verbindung hiermit wurden die nötigen Vorbedingungen für die erfolgreiche Nutzbarmachung dieses neuartigen Fahrzeuges, welche zum großen Teil außerhalb des Gebietes der eigentlichen Luftschifftechnik liegen, geschaffen und ausgestaltet.

Erwähnt sind unter dem Kapitel „Weitere Aufgaben" bereits die Fortschritte in der Anwendung der drahtlosen Telegraphie aus und zu dem Luftschiff und in der „Navigation in der Luft". Auch in der Ausgestaltung und Nutzbarmachung des Wetterdienstes für die Luftschiffahrt sind mancherlei Erfahrungen gesammelt, auf denen weiter gebaut werden kann.

Sehr wesentlich für eine weitere unbehinderte bzw. rentable Verwendung des Luftschiffes für Heeres-, Sport- und Verkehrszwecke ist die Gasfrage. Wir brauchen ein billiges, reines Wasserstoffgas, welches herzustellen ist in ergiebig arbeitenden stationären oder transportablen Anlagen. Für die Heeresverwaltung kommt in erster Linie die letztere Anlage in Betracht. Das bisher in der Hauptsache verwendete Wasserstoffgas entsteht als Nebenprodukt chemischer Fabriken. Während

---

[1]) Die Angaben über Weiterentwicklung und Stand der Luftschiff-Industrie in den verschiedenen Staaten sind vorzugsweise einer Luftschiff-Statistik des Herrn Oberleutnant Neumann, Direktor der Luftschifferschule des deutschen Luftflottenvereins in Friedrichshafen entnommen.

bis jetzt nur wenige Fabriken diese Abgase auffangen, komprimieren und versenden, lassen die meisten anderen Werke den Wasserstoff ungenutzt entweichen, da die hohen Frachtkosten die Ausnützung unwirtschaftlich gestalten. Dank dem Entgegenkommen der preußischen Eisenbahn-Verwaltung wurde im März dieses Jahres auf Antrag der M. St. G. eine bedeutende Frachtermäßigung für Wasserstoffgas bewilligt. Wurde hierdurch schon an sich eine Herabsetzung des Preises erreicht, so ist noch eine weitere Verbilligung zu erhoffen, weil infolge der niedrigen Frachtsätze die Konkurrenz auch aus den entlegeneren Orten Deutschlands herangezogen werden kann. Außer den chemischen Fabriken, welche das Wasserstoffgas als Nebenprodukt gewinnen, haben wir eine ganze Anzahl industrieller Werke, welche die Herstellung des Wasserstoffgases als Selbstzweck betreiben. Genannt sei hier nur die „Internationale Wasserstoff-Aktiengesellschaft" in Berlin (Iwag), welche ein Gas von vorzüglicher Güte und großer Reinheit herstellt. Auf die Reinheit des Gases ist großer Wert zu legen, weil Nebenprodukte, z. B. schweflige Säuren, stark angreifend auf die Luftschiffhülle wirken.

Die bestehenden transportablen Anlagen arbeiten bereits genügend ergiebig, sind aber noch ziemlich teuer.

Auch der Hallenbau, eine der wesentlichsten Vorbedingungen für die Nutzbarmachung der Luftschiffe, macht erfreuliche Fortschritte. Neben den Werfthallen in Berlin-Reinickendorf, Berlin-Johannisthal, Biesdorf, Bitterfeld, Friedrichshafen und Rheinau bestehen Stationen in Metz, Köln, Oos, Düsseldorf, Gotha, Königsberg und Straßburg. In Potsdam, Frankfurt a. M., Thorn und Hamburg sollen Hallen demnächst gebaut werden. Im ganzen hat Deutschland 21 größere Luftschiffhallen, von denen 13 der Länge der Z-Schiffe entsprechen. 9 sind aus Eisen, die übrigen aus Holz errichtet. Außerdem sind einige transportable Zelthallen im Gebrauch.

Die Einteilung der mit Gas gefüllten Luftschiffe in starre, halbstarre und unstarre Luftschiffe ist beibehalten worden, da es bisher nicht gelunegn ist, eine genauere Bezeichnung für diese drei verschiedenen Systeme zu finden. Die nachstehende Zusammenstellung ergibt einen Überblick, welches dieser drei Systeme bei den verschiedenen Nationen die meiste Anerkennung gefunden hat.

Nach dem gegenwärtigen Stande (Juni) ergeben sich folgende Zahlen: Fertig sind augenblicklich Luftschiffe folgender Systeme:

a) des starren Systems: 3 Luftschiffe, nämlich 2 Z-Luftschiffe und ein englisches Militär-Luftschiff;

b) des halbstarren Systems: 20 Luftschiffe, von denen 4 auf Deutschland, 2 auf England, 2 auf Frankreich, 3 auf Italien, 2 auf Österreich, 1 auf Belgien, 2 auf Rußland, 2 auf Spanien, 1 auf Amerika, 1 auf die Schweiz entfallen;

c) des unstarren Systems: 30 Luftschiffe, von denen 11 auf Deutschand, 3 auf England, 10 auf Frankreich, 1 auf Italien, 1 auf Österreich, 1 auf Belgien, 3 auf Rußland entfallen;

Ähnlich gestaltet sich das Bild, wenn wir die augenblicklich in Bau gegebenen Luftschiffe der verschiedenen Staaten ins Auge fassen. Es sind zurzeit im Bau oder in Vorbereitung:

a) vom starren System: 2 Luftschiffe, die beide auf Deutschland (1 Zeppelin und 1 Schütte-Lanz) entfallen;

b) vom halbstarren System: 5 Luftschiffe, von denen keins auf Deutschland, 2 auf Frankreich, 3 auf Italien entfallen;

c) vom unstarren System: 12 Luftschiffe, von denen 3 auf Deutschland, 5 auf Frankreich, 1 auf Italien, 1 auf die Niederlande, 1 auf Österreich, 1 auf Belgien entfallen.

Aus diesen Zahlen geht hervor, daß auch in diesem Jahr die unstarren Systeme an erster Stelle stehen. Überschläglich berechnet, kommen von fertigen Luftschiffen auf 100 unstarre 70 halbstarre und 11 starre Luftschiffe, während bei den in Bau befindlichen auf 100 unstarre 40 halbstarre und 16 starre Luftschiffe kommen. Von den unstarren Systemen zeigt auch in diesem Jahr das Parseval-Luftschiff den am weitesten entwickelten Typus, da bei ihm kein größerer starrer Teil als die Gondel existiert, und diese bei allen Parseval-Luftschiffen so geringe Dimensionen hat, daß sie auf einem Lastwagen befördert werden kann.

Wir kommen nun zu der Übersicht über die Luftschiffe der verschiedenen Länder.

Deutschland.

Nach der Vereinigung der Abteilung „Luftschiffbau" der Firma Franz Clouth, Köln-Nippes, mit der Luftfahrzeug-Gesellschaft, und nachdem die Vereinigte Westfälische Motorluftschiff-Gesellschaft in Leichlingen ihren Betrieb eingestellt hat, existieren noch 5 nennenswerte Stellen, welche an der Fortentwicklung des Luftschiffbaues in Deutschland arbeiten. Verschiedene kleinere Privatunternehmen sind ihrer geringen Bedeutung wegen nicht erwähnt worden. An den Grundzügen des Parsevalschen, des Zeppelinschen und des Militär-Luftschiffes, wie sie in unseren früheren Jahrbüchern niedergelegt sind, sind Änderungen wesentlicher Natur nicht vorgenommen worden. Interessante Versuche zur Feststellung der dynamischen Auftriebsfähigkeit wurden Anfang dieses Jahres mit dem neuerbauten Z-Schiff Deutschland unternommen [1]. — Beim Gange zweier Motoren konnte das Luftschiff ohne Ballastabgabe von der aerostatischen Gleichgewichtslage und Prallhöhe in 620 m in wenigen Minuten auf 1450 m Höhe gebracht werden. Nach dem Anlassen des dritten Motors wurden 1810 m erreicht.

Das Siemens-Schuckert Luftschiff [2], ein neuer Typ der unversteiften Prallballons (unstarres System) ist im Januar d. Js. fertiggestellt worden und hat sich bereits in einer ganzen Anzahl von Fahrten unter Führung von Herrn Hauptmann a. D. v o n K r o g h gut bewährt.

Die interessante Aufgabe, die sich die Erbauer des Luftschiffes gestellt hatten, bestand darin, die technischen Vor- und Nachteile praktisch zu erproben, die sich aus dem Verzicht auf ein starres Gerüst bei einem unversteiften Prallballon ergeben, der an Größe die bisher erbauten wesentlich übertrifft.

---

[1] Am 16. Mai d. J. wurde das Luftschiff beim Herausbringen aus der Halle in Düsseldorf zerstört.

[2] Wir verdanken diese Angaben der Liebenswürdigkeit des Herrn Direktors O. K r e l l.

Der Inhalt des Siemens-Schuckert-Ballons beträgt 13 000 cbm, seine Länge 118 m, der Durchmesser 13,2 m. Bei dieser Größe war es notwendig, die Hülle stärker zu wählen, als bisher üblich. Es wurde daher 3 facher Stoff gewählt, nämlich 3 Lagen Baumwollstoff und zwischen diesen 2 Lagen Gummi; die Innenseite erhielt außerdem noch eine 3. Gummischicht zur Erhöhung der Gasdichtigkeit.

Trotz dieser schwereren Hülle wurden doch noch 3 bis 4 Tonnen an Gewicht gespart gegenüber einem etwa gleich großen Luftschiff starren Systems.

Das Siemens-Schuckert Luftschiff über der drehbaren Halle.

Durch drei Schotte ist der Gasraum in vier Teile geteilt, von denen die drei vorderen mit Ballonetts versehen sind. Drei Ventilatoren dienen zur Bedienung der Ballonetts. Der Antrieb der Ventilatoren erfolgt durch 24 PS Gaggenauer Benzinmotoren, von denen nur einer arbeitet; der zweite dient zur Reserve.

Je zwei 125 PS 4 zylindrige Daimlermotoren sind in der vorderen und hinteren Maschinengondel hintereinander eingebaut. In der mittleren Gondel sind alle Organe und Instrumente konzentriert, welche zur Führung des Luftschiffes erforderlich sind. Trotz der großen Länge soll die Stabilität des Luftschiffes eine befriedigende sein.

Das Charakteristische des neuen Luftschiffsystems ist die Verwendung von Stoffbahnen zur Aufhängung der 3 Gondeln an Stelle der sonst üblichen Stahlseile. Diese Stoffbahnen erstrecken sich in einer Länge von 70 m am Ballon entlang und üben eine bereits durch die Praxis erprobte vorzügliche Wirkung bezüglich der automatischen Prallhaltung des Ballonkörpers aus.

In der Zeitschrift für Flugtechnik und Motorluftschiffahrt findet sich in den Nummern 5, 6 und 8 eine sehr eingehende Beschreibung des Luftschiffes und seiner Halle durch den Direktor der Siemens-Schuckert-Werke, Herrn O. K r e l l , welcher den Bau während seiner fast dreijährigen Dauer geleitet hat.

Das im Bau befindliche „Schütte-Lanz"-Luftschiff ist ein Luftschiff starren Systems von ca. 20 000 cbm Inhalt.   Das Geripppe besteht aus Holz und ist ursprünglich von der Firma Huber, Berlin, nach deren Plänen und Konstruktionen geliefert, inzwischen aber vom Luftschiffbau Schütte-Lanz wesentlich verstärkt worden. Auch hat sich die Verspannung aus Ramieseilchen, die seitens der liefernden Firma angebracht war, nicht bewährt, so daß eine andere Verspannungsart gewählt werden mußte.   Das ursprüngliche Gerippe ist jedoch entgegen den verbreiteten falschen Nachrichten beibehalten worden.

Der Innenraum wird durch 7 Traggaskörper ausgefüllt, die wiederum in ihrem Innern durch Stoffschotte unterteilt sind.   Die Außenhülle besteht aus 5 Teilen, einem mittleren ca. 54 m langen Sattel und zwei Spitzen aus gleichem Stoff, die mit dem Sattel verspannt sind.   Dieser Stoff hat 2000 kg Festigkeit und dient zur Gondelaufhängung.   Zwischen diesen 3 Teilen liegen Außenhüllenteile aus einfachem, gummiertem Stoff von geringerer Festigkeit.

Die Antriebskraft erhält das Schiff in zwei Gondeln mit je einem 8-Zylindermotor von 250 Pferdekräften, die je eine Schraube treiben.   Diese beiden Maschinengondeln sowohl als auch Führer- und Personengondeln sind zum Teil am starren Gerippe, zum Teil an dem mittleren Sattel aufgehängt.

Die Höhen- und Seitensteuerung ist ähnlich wie bei anderen Luftschiffen. Erwähnt sei nur, daß 4 Höhen- und 2 Seitensteuer vorhanden sind. Von den letzteren sitzt das größere zum Unterschied von anderen Schiffen auf der oberen Seite ca. 11 m vor dem hinteren Ende.

Die Nutzlast des Schiffes beträgt etwa 5000 kg bei 0° und 760 mm Barometerstand.

Das Luftschiff S u c h a r d für die transatlantische Flugexpedition ist im Februar dieses Jahres fertig geworden.   Seine Länge beträgt 60,5 m, sein Durchmesser 17,18 m, der Inhalt 6730 cbm.   Es ist nur ein Ballonett vorhanden, Auf- und Abstieg sollen durch ein Laufgewicht bewirkt werden.   Die Form des unstarren Luftschiffes ist gedrungener als die der Parseval-Luftschiffe.   Die Gondel hat bei 10 m Länge einen Durchmesser von 3,10 m.   Sie ist als Bootskörper von Fr. L ü r s s e n , Aumund-Vegesack, gebaut.   Zwei 100-PS-Motoren die 2 Stück zweiflüglige Propeller treiben, sind in die Gondel hintereinander eingebaut.   Einer dieser Motoren kann auf die Wasserschraube geschaltet werden.   Probefahrten hat das Schiff noch nicht unternommen.   Die geplante Expedition ist vorläufig bis zum Herbst d. J. verschoben.

Belgien.

Die belgische Heeresverwaltung besitzt zwei fertige Luftschiffe, „La Belgique" und „La Ville de Bruxelles". La Belgique ist in unserm Jahrbuch 1908/1910 besprochen. La Ville de Bruxelles gehört der unstarren französischen Bauart an und besitzt bei einer Länge von 78 m und einem Durchmesser von 12,50 m einen Inhalt von 6500 cbm. Die 30 m lange Gondel, ein Stahlrohrgerüst von rechtwinkeligem Querschnitt, dient dazu, einen Biegungsanspruch der Hülle durch schief angreifende Seilzüge auszuschalten; sie verfolgt also das gleiche Ziel wie der Kiel. 2 Motoren von je 110 PS treiben 2 Schrauben, welche, auf Stahlgerüsten gelagert, rechts und links aus der Gondelmitte herausragen.

Die Seitensteuerung ist am hinteren Ende der langen Gondel, die Höhensteuerung geschieht mittels zweier Kastensteuer. Als Gleichgewichtsflossen dienen zwei Gaskegel, welche am hinteren Ende der Hülle aufgesetzt sind.

Im Bau befindet sich in Wilryk bei Antwerpen seit mehreren Jahren ein unstarres Schiff des Hauptmanns C l é m e n t   d e   S t́.   M a r c q , welches nunmehr vor den Versuchen stehen soll. Bauauftrag gab die Heeresverwaltung. Länge 50 m, Durchmesser 13 m, Inhalt 4000 cbm, 2 Motoren von 80 und 160 PS. Die Hülle ist anscheinend in 4 Gaskammern geteilt; 4 Luftschrauben.

England.

Wir erwähnten bereits, daß die Luftschiffindustrie in England einen bedeutenden Aufschwung genommen hat. In den englischen Heeresetat sind in diesem Jahre allein für Zwecke der Luftschiffahrt 2 600 000 M eingesetzt.

An unstarren Bauten besitzt England zurzeit 3 Schiffe, nämlich „Beta", „Gamma" und „Clément-Bayard". An halbstarren Bauten „Morning Post". Im Bau befindet sich ein Luftschiff starren Systems „Naval airship I".

Beta besitzt einen Inhalt von 2400 cbm bei einer Länge von 50 m und einem Durchmesser von 8,5 m. Es hat eine der französischen Bauart ähnliche Gittergondel, aus Holz und Stahl gefertigt, welche vorn und hinten, rechts und links abstehende, einflächige Höhensteuer und einen 40-PS-Motor trägt. Die Hülle ist aus Goldschläger= haut gefertigt und birgt einen Luftsack. Am hinteren Ende der Hülle befinden sich stoffbespannte Rahmen als Gleichgewichtsflossen, unter dem Heck das Seitensteuer. Die aus der Gondel rechts und links herausragenden Luftschrauben sollen dem Schiffe eine Eigengeschwindigkeit von 12 m/sec geben. Das Schiff kann 4 Personen tragen und besitzt einen Aktionsradius von 6 Stunden.

Über das Luftschiff Gamma fehlen genauere Angaben. Es war früher nur mit einem Motor ausgerüstet, hat aber jetzt zur Erhöhung der Leistungsfähigkeit 2 Motoren erhalten. Es besitzt einen Inhalt von 4000 cbm. Die Propeller sind reversierbar eingerichtet. Es soll ein schnelles und brauchbares Luftschiff sein.

Clément-Bayard [1]) hat bei 7000 cbm Inhalt eine Länge von 76 m und einen Durchmesser von 13 m. Es wurde in den Pariser Clément-Werken erbaut und ist

---

[1]) Während der Drucklegung kommt die Nachricht von der völligen Vernichtung des Clément-Bayard gelegentlich seiner ersten Probefahrt.

ein Abbild der verbesserten französischen unstarren Bauart. Die Gondel ist 45 m lang, trägt 2 Motoren zu je 135 PS, welche 2 Schrauben von 5 m Durchmesser treiben. Unter dem Heck des Schiffes befindet sich nach italienischem Vorbild, montiert auf dem Hinterrande der Gondel, ein System von sich kreuzenden senkrechten und wagerechten Flächen, letztere als Höhensteuer, erstere als Seitensteuer dienend. Zur Höhensteuerung dient außerdem ein doppelflächiges Kastensteuer, welches rechts und links von der Gondel hinter dem Motorstand angebracht ist. Das Steuerungssystem unter dem Heck dient gleichzeitig der Stabilisation. Im Innern der Hülle befindet sich ein geteiltes Ballonett. Die Eigengeschwindigkeit wird auf 14 m/sec angegeben.

Morning Post wurde in den Lebaudy-Werken gebaut. Bei einem Inhalt von 10 000 cbm besitzt das Luftschiff eine Länge von 103 m und einen Durchmesser von 12,20 m. Im Innern der Hülle sind drei Ballonetts mit insgesamt 2500 cbm Inhalt untergebracht. Die Luftschrauben haben einen Durchmesser von 5 m. Sie sind auf Böcken gelagert und werden von 2 135-PS-Motoren angetrieben. Die verhältnismäßig kurze Stahlrohrgondel soll 20 Personen fassen können, die Geschwindigkeit wird mit 14 m/sec angegeben. Das Schiff wurde auf Grund einer von der Zeitung „Morning Post" veranstalteten öffentlichen Sammlung bestellt und ist, nachdem seine verletzte Hülle wiederhergestellt ist, von der Heeres-Verwaltung übernommen worden.

Das im Bau befindliche Naval airship I ist ein den deutschen Z-Schiffen ähnliches starres Aluminiumschiff [1]). Es soll einen Inhalt von 20 000 cbm haben bei einer Länge von 155 m. Es wird in Barrow bei Vickers & Maxim für die englische Marine gebaut und soll 2 Gondeln, 2 Motoren zu 200 PS und doppelte Höhensteuerungsanlage erhalten.

Frankreich.

Frankreich besitzt augenblicklich nachstehende Luftschiffe der verschiedenen Systeme:

Lfd. Nr.	Name	Raum-Inhalt cbm	Länge m	Durch-messer m	Motoren zu P.-S.	System	Verwendung
1.	Clément-Bayard	3500	56,2	10,6	120	unstarr	Tourenschiff
2.	Ville de Paris	3200	61,5	10	70	„	Im Besitz der Heeresverwaltung
3.	„ „ Nancy	3500	56,2	10,6	120	„	Tourenschiff
4.	„ „ Bordeaux	3000	52	10,5	90	„	„
5.	„ „ Luzern	6500	—	—	—	„	„
6.	Colonel Renard	4000	65	12	120	„	Heeresverwaltung
7.	Zodiak	2000	—	—	—	„	„
8.	Zodiak I	800	—	—	—	„	Sportschiff
9.	Zodiak II	bis	—	—	—	„	„
10.	Zodiak III	1200	—	—	—	„	„
11.	Le Lebaudy	2300	56,6	9,8	36	halbstarr	Heeresverwaltung
12.	La Liberté	7000	84	12,8	2/135	„	„

Die ersten 6 Schiffe gehören der bekannten französischen Bauart an. Sie besitzen sämtlich die charakteristische lange Stahlrohr-Gittergondel und am Hüllen-

---

[1]) Ist jetzt fertiggestellt; über das Ergebnis von Probefahrten ist nichts näheres bekannt.

ende 4 gasaufgeblasene Wülste in Kegelform zur Gleichgewichtshaltung, nur bei dem Ville de Paris sind sie röhrenförmig. Höhen- und Seitensteuerung befinden sich an der Gondel, Schrauben an der Gondelspitze. Sämtliche Schiffe wurden in Paris auf den Astrawerken hergestellt.

Zodiak wurde von den Mallet-Werken in Paris gebaut und von der Zeitung Le Temps der Heeresverwaltung geschenkt. Zodiak I—III dienen Sportzwecken. Eine nähere Beschreibung dieser Schiffe findet sich unter dem gleichen Kapitel in unserm Jahrbuch 1908/1910.

Lebaudy und Liberté gehören der bekannten Juillot-Type an. Beide gehören der Heeresverwaltung, ersteres als Schulschiff, letzteres soll sich in den letztjährigen Manövern gut bewährt haben.

Im Bau befinden sich folgende unstarre Typen:

In den Astrawerken für das Heer ein Schiff von 7000 cbm, in den Clément-Werken für das Heer ein Schiff von 7—8000 cbm, ähnlich dem für England gebauten Clément-Bayard II, in den Zodiak-Werken (früher Mallet) 2 Zodiaks zu 2000 und 3000 cbm, ein Zodiak von 6500 cbm mit 2 Motoren zu 100 PS, letzterer ebenfalls für die Heeresverwaltung.

In den Lebaudy-Werken wird ein Schiff nach dem Muster der „Liberté", ein Schiff nach dem Muster der englischen „Morning Post" zu 12 000 cbm gebaut. Beide Schiffe gehören dem halbstarren System an.

Außerdem soll in den Zodiak-Werken ein „Zeppelin" ähnliches Schiff des starren Typs von 9000 cbm mit 2 Motoren zu 240 PS in den Anfangsstadien des Baues begriffen sein.

Italien.

Die italienische Heeresverwaltung besitzt ein kleines Versuchsluftschiff unstarrer Bauart „Ausonia" und zwei halbstarre Bauten Nr. I [bis] und II.

Ausonia hat bei einer Länge von 37 m und einem Durchmesser von 6,5 m einen Inhalt von 1300 cbm. Das ganze Schiff wiegt nur 400 kg. Der Antrieb erfolgt durch einen 35-PS-Motor. In seiner Bauart ähnelt das Schiff dem schon mehrfach erwähnten französischen unstarren Typ. Es ist stationiert in Bosco Mantico bei Verona und hat von hier aus einige gelungene Flüge ausgeführt, die sich bis zu einer Höhe von 1200 m erstreckten.

I [bis] besitzt einen Gasinhalt von 3450 cbm, Nr. II von 4200 cbm. Beide Schiffe zeigen die gleiche Bauart. Die seidene Hülle ist noch etwas schlanker gehalten, als im allgemeinen üblich, und ist in 7 Gaskammern eingeteilt, welche durch einen gemeinsamen Gassack prall gehalten werden. Innerhalb der Hülle, auf deren Unterseite und von dem Gasraum durch eine besondere Scheidewand getrennt, liegt eine Gelenkgitterkonstruktion, aus Stahlrohr gefertigt. Die einzelnen Teile sind in Gelenken beweglich, so daß dieser Gitterbalken glatt und flach auf dem Boden liegt, wenn die Hülle entleert wird. 8 m unter der stärksten Stelle der Hülse hängt ein Boot als Gondel, in dem ein 120 pferdiger Motor untergebracht ist. Letzterer treibt 2 Schrauben, die, auf Böcken gelagert, rechts und links hoch aus der Gondel herausragen. Der Standort von I [bis] ist Vigna di Valle am See von Bracciano unweit Rom, der des Nr. II Campalto bei Venedig.　Die Schiffe sollen eine Eigenschwindigkeit von 14 m/sec bei einer Höhenleistung von ca. 1300 m haben.

Das Luftschiff „Lionardo da Vinci", ein in seinen Grundzügen nicht unähnlicher Bau des Ingenieurs F o r l a n i n i, ist in Mailand stationiert.　Bemerkenswert ist, daß die Schrauben unter dem Heck des Schiffes liegen und mittels einer Welle von der Gondel aus angetrieben werden.　Das Schiff ist sehr gedrungen.　Bei einer Länge von 40 m und einem Durchmesser von 14 m besitzt es einen Inhalt von 3265 cbm. Die Geschwindigkeit beträgt 13 m/sec.

Im Bau ist ein Schiff der unstarren Bauart des Grafen A l m e r i c o d a S c h i o bei Vicenza.

Ferner 2 halbstarre Bauten, nämlich ein Schiff nach dem Vorbild des Nr. II für Verona und ein Schiff gleichen Typs für die Marine von etwa 8000 Rm., schließlich noch ein Schiff nach dem Vorbild des Lionardo da Vinci des Ingenieurs F o r l a n i n i von 8000 Rm. für die Heeresverwaltung bei Mailand.

Niederlande.

Ein Schiff des unstarren Typs befindet sich im Bau für die Heeresverwaltung in den Malletwerken Paris.　Das Schiff ist ein Geschenk des holländischen Sportmannes J o c h e m s.　Es ähnelt dem unter „Frankreich" besprochenen Typ der „Zodiak"-Schiffe.　Das Schiff soll den Namen „Duindigt" führen und wird für die Heranbildung von Führern dienen.　Es soll in der Nähe von Utrecht stationiert werden.

Österreich-Ungarn.

Die österreichisch-ungarische Heeresverwaltung befindet sich jetzt im ganzen im Besitz von 4 Luftschiffen.　Das Parseval-Luftschiff M I und das Lebaudy-Luftschiff M II sind bereits in unserem Jahrbuch 1908/1910 beschrieben.

Das im Jahre 1910 fertiggestellte Mannsbarth-Luftschiff (M 4) gehört dem unstarren System an.　Es besitzt bei einer Länge von 91 m und einem Durchmesser von 12,7 m einen Inhalt von 8100 cbm. Der Antrieb erfolgt durch 2 je 150-PS-Austro-Daimler-Motoren, welche je 2 zweiflügelige Propeller treiben. Das Schiff ist in Wien stationiert.　Nähere Angaben über seine Leistungen fehlen[1]).

Das Körting-Luftschiff (M III) der Gebr. K ö r t i n g in Wien ist ein Schiff halbstarren Systems.　Die Länge beträgt 68 m, der Durchmesser 10,5 m, der Inhalt 3600 cbm.　Das Schiff ist ausgerüstet mit zwei 75-PS-Körting-Motoren, welche je einen vierflügeligen Propeller treiben.　Nährere Angaben über das in Fischamend stationierte Luftschiff fehlen gleichfalls.

In Rußland, Spanien und den Vereinigten Staaten von Nord-Amerika ist über nennenswerte Fortschritte der Luftschiff-Industrie nichts zu berichten.　Obgleich bei der russischen Heeresverwaltung ein reges Interesse für die lenkbaren Luftschiffe besteht, und obgleich dieses Land im Besitz mehrerer Luftschiffe ist, war

---

[1]) Das Schiff hat im Laufe des letzten Monats erfolgreiche Fahrten vollführt.

die russische Luftschiff-Industrie bisher nicht imstande, wirklich brauchbare Luftschiffe herauszubringen.   Sämtliche brauchbaren und im Besitz der russischen
Regierung befindlichen Luftschiffe sind vom Auslande bezogen.   Japan besaß ein
kleines Luftschiff „Yamada", welches nach seinem Erbauer benannt war.   Das Schiff
soll sich als ganz unbrauchbar gezeigt haben und ist kürzlich verunglückt und völlig
zerstört worden.

Der vorstehende kurze Überblick zeigt, daß außer Deutschland und Frankreich
auch England, Italien und Österreich in die Reihe derjenigen Staaten eingetreten
sind, in denen bereits eine nennenswerte Luftschiff-Industrie besteht.   Seine führende
Stellung auf dem Gebiete des Luftschiffbaus hat Deutschland auch im verflossenen
Jahre bewahrt.

Flugzeug-Industrie.

Die Flugzeug-Industrie hat im verflossenen Jahre ganz bedeutend an Ausdehnung gewonnen. Die bewährtesten Typen haben aus ihren Ursprungsländern England und Amerika ihren Einzug in viele andere Staaten gehalten. Patente und Bauerlaubnis für diese Typen wurden zahlreich erworben, und wir sehen heute, daß außer in den letztgenannten Staaten bereits in Österreich, Rußland, Italien, England und ganz besonders in Deutschland eine aufblühende Flugzeug-Industrie existiert.

Die Fortschritte der Flugtechnik haben besonders in einer recht erfolgreichen Verbesserung und Vervollkommnung der als brauchbar befundenen Flugzeugtypen bestanden. Große leistungsfähige Industriewerke haben sich der Herstellung der einzelnen Konstruktionsdetails angenommen. Dies wirkt nicht nur verbessernd, sondern auch verbilligend. Sehr beachtenswerte Fortschritte hat die Flugmotorentechnik gemacht. Ihr allein ist es zu danken, daß heute Hoch- und Dauerflüge möglich und beinahe alltäglich sind, deren Durchführung noch vor einem Jahr ein unerreichbares Ziel schien. Auch Passagierflüge mit 6, 8 und 10 Paassgieren, wie sie in neuester Zeit mehrfach unternommen sind, waren nur mit diesen vortrefflich arbeitenden Motoren möglich.

Großes Interesse wird den Flugzeugen von den Militärbehörden der meisten europäischen und vieler außereuropäischen Staaten entgegengebracht, und überall geht man daran, Offiziere in der Führung von Flugzeugen auszubilden. Der vortrefflich gelungene Rundflug durch Westdeutschland, den Leutnant M a c k e n t h u n in der Zeit vom 28. 3. bis 2. 4. ausführte, war ein Ereignis von hoher Bedeutung. Neuerdings hat auch die Kaiserliche Marine, welche alle Fragen der Motorluftschiffahrt und Flugtechnik mit sichtbarem Interesse verfolgt, ihre praktischen Versuche auf diesem Gebiet dadurch aufgenommen, daß sie einen Oberleutnant zur See als Flugschüler zur Flugmaschine Wright G. m. b. H. abkommandiert hat.

Die Frage, ob dem Ein- oder Zweidecker der Vorzug zu geben ist, ist heute noch unentschieden. Beide Systeme haben ihre Vor- und Nachteile. Zweifellos wird für die Zukunft diejenige Bauart die bevorzugte sein, welche sich für praktische Verwendung, Heeres- und Verkehrszwecke am besten eignet. Fraglos kommt für diese Zwecke nur eine zweisitzige Maschine in Betracht, welche außer dem Flugzeugführer noch einen Passagier, der die Beobachtung übernimmt, tragen kann, und besonders für militärische Zwecke eine derartige Anordnung der Sitze enthält, daß dem Beobachter ein freier Ausblick auf das zu beobachtende Gelände gestattet ist.

In dankenswerter Weise wird neuerdings von verschiedenen Seiten gegen die schädliche Rekord- und Reklamesucht angegangen. Ihr besonders fällt eine große Zahl der bedauerlichen Unglücksfälle der letzten Jahre zu Lasten. Mit der Beseitigung dieser Auswüchse, mit der zunehmenden Erfahrung und dem Training der Führer sowie ihrem Vertrautwerden mit den Eigentümlichkeiten der Luftströmungen werden Unglücksfälle für die Zukunft hoffentlich immer seltener werden. Es hat sich jetzt unter den Flugzeug-Industriellen eine Vereinigung zur Wahrnehmung der gemeinsamen Interessen gebildet, die als Gruppe dem Verein deutscher Motorfahrzeug-Insdustrieller beigetreten ist, und in welcher sämtliche bedeutenden deutschen Flugzeugfabriken vertreten sind.

Die Flugzeug-Industrie darf wohl mit berechtigter Hoffnung auf eine günstige Weiterentwicklung in die Zukunft blicken.